U0351284

国家自然科学基金项目（41271527、70703001）
教育部人文社会科学规划项目（11YJC790300）

北京市对周边水源区的生态补偿机制与协调对策研究

BEIJINGSHI DUI ZHOUBIAN SHUIYUANQU DE
SHENGTAI BUCHANG JIZHI YU XIETIAO DUICE YANJIU

郑海霞 ◎ 著

知识产权出版社
全国百佳图书出版单位

内容提要

本研究围绕北京市对周边水源区的生态补偿机制与协调对策，分 10 个章节展开。首先分析了生态补偿的核心内涵、实现途径，并提出了生态服务补偿的理论基础。在研究数据获取方法、数据来源交代的基础上，根据地形特征、气候变化和土地利用/土地覆被变化分析了研究区的资源环境基础。同时，分析了北京市对周边水源区的生态补偿模式与现状，界定了密云水库流域生态服务的优先补偿区、次补偿区和潜在补偿区，并进行了主要利益相关者分析。通过水资源效益价值法、支付意愿调查法和发展权限制的机会成本等 3 种方法评估了密云水库流域的环境服务价值，确定了流域生态补偿标准。利用 Tobit、分位数回归和断点回归 3 种方法对比分析了农户最大支付意愿的影响因素及其可靠性和有效性。在此基础上对流域生态补偿的实施效果和主要驱动力进行分析。结合首都经济圈规划和主题功能区划，提出了京冀流域生态补偿机制、政策框架及其区域经济协调发展对策。

责任编辑:蔡　虹　刘琳琳

图书在版编目 (CIP) 数据

北京市对周边水源区的生态补偿机制与协调对策研究/郑海霞著. —北京：知识产权出版社，2013.4

ISBN 978-7-5130-0414-5

Ⅰ.①北…　Ⅱ.①郑…　Ⅲ.①水源保护—研究—北京②区域生态环境—补偿机制—研究—北京　Ⅳ.①X52②X321.2

中国版本图书馆 CIP 数据核字（2011）第 029136 号

北京市对周边水源区的生态补偿机制与协调对策研究

郑海霞　著

出版发行：**知识产权出版社**			
社　　址：北京市海淀区马甸南村 1 号		邮　　编：100088	
网　　址：http://www.ipph.cn		邮　　箱：bjb@cnipr.com	
发行电话：010-82000893		传　　真：010-82000860	
责编电话：010-82000860 转 8324		责编邮箱：caihong@cnipr.com	
印　　刷：北京中献拓方科技发展有限公司		经　　销：新华书店及相关销售网点	
开　　本：787mm×1092mm　1/16		印　　张：10.5	
版　　次：2013 年 4 月第 1 版		印　　次：2013 年 4 月第 1 次印刷	
字　　数：200 千字		定　　价：35.00 元	

ISBN 978-7-5130-0414-5/X·008　(3336)

前　言

生态补偿机制是调整损害与保护生态环境的主体间利益关系的一种制度安排，是保护生态环境的有效激励机制（李文华，李芬，李世东，2006）。建立有效的生态补偿机制是促进区域全面、协调与可持续发展的重要举措（王金南，庄国泰等，2004）。国内外各种形式的生态补偿案例已显露出了生态服务补偿机制的构建对实现区域公平和协调发展的重要作用（Danièle Perrot-Maitre Patsy Davis, Esq，2001；Ian Powell，Andy White，Natasha Landell-Mills，2002）。由于流域生态效益的外部性和水资源的准公共物品特性，上游保护、下游受益的现象普遍存在，对流域水源区环境保护的努力和发展受到限制的损失给予一定的经济补偿成为流域保护和管理的重要举措。

国际上与生态补偿相对应的概念是环境服务支付（Payment for Ecosystem or Environmental Services，PES），表示企业、农户或政府相互之间对环境服务价值的一种交易行为。由于 PES 采用一种新的方法保护生态系统服务和产品，引起政府管理部门、环境保护者和土地利用管理者的极大兴趣和关注。生态系统服务涉及气候变化、清洁用水、碳储存等多个方面（Pagiola et al.，2002；Wunder，2005）。国际上 PES 的定义涉及 5 个方面：自愿交易；界定清晰的环境服务；服务至少有一个支付者；至少有一个服务提供者；交易的前提和基础是服务的供给（Wunder，2005，2006，2007）。根据实施的过程和支付对象，具体可以分为：公共支付体系、开放式的贸易体系、自发组织的私人贸易和生态标记等 4 种主要类型（Scherr et al.，2005；Ecosystem Marketplace Website，2007）。

本研究围绕北京市对周边水源区的生态补偿机制与协调对策，分 10 个章节展开，分别从理论框架的构建、研究方法、北京市水源区环境服务价值评估和生态补偿标准等方面开展研究，并提出北京市构建生态补偿机制的具体措施。

本研究第 1、2、3 章从理论层次分析了生态补偿的核心内涵和实现途径，即解决环境外部性问题、科斯的产权理论和庇古的税收与补贴等经济干预手段。生态服务补偿的理论基础包括生态服务功能价值理论（Ecological Services Value）、环境外部性理论（Ecological Externality）、生态资产理论（Ecological Asset）和公共物品（Public Goods）等理论，体现了生态环境服务作为一个公共物品所具备的特殊的外部性、稀缺性。本研究同时跟踪了国内外最新实践和研究进展，为进一步研究提供了基本参考。

第4章介绍了本研究所涉及的研究分析方法、环境服务价值评估方法、数据获取方法和数据来源等。研究利用了GIS技术分析方法、CVM环境价值评估方法、农户调查、参与式评估、政府管理机构访谈等获得了大量第一手数据资料，为研究奠定了坚实的基础。

第5章从地形特征、气候变化和土地利用/土地覆被变化等方面对案例区资源基础和环境状况进行分析。结果显示：在流域内山地面积占总面积的2/3以上。降雨量也相对较少，地区差别大，年际变化大，年内分布不均。密云水库上游研究区总的土地利用格局是以林地、草地、耕地为主，三种土地利用类型在1990年和2000年分别占总土地面积的98.24％和98.72％。从1990年到2000年，耕地减少了4.31％，草地减少了12.54％，林地增加了17.33％，水域和未利用土地都是减少。对京冀跨界断面多年水质、水量变化情况进行分析，从断面的流向看，密云水库上游潮白河流域河北省与北京市跨界实测的3个断面，只有潮河流域河北流向北京的古北口断面水质达到2类标准，而白河流域河北流向北京的重要断面下堡监测站2009年全年平均水质为Ⅳ类，潮白河下游北京流向河北的赶水坝监测站水质是劣Ⅴ类。从潮河和白河流入密云水库的两个主要水文站：下会和张家坟站入库水量连续下降，尤其是1999年以来径流量降到1～4亿立方米。上游多年平均出境水量年内变化很大，主要集中在7～9月。

第6章重点分析了北京市对水源区的生态补偿模式与现状。分析了北京市地表水源地保护与发展的现状和冲突以及生态补偿的发展和现状。依据生态系统服务功能和北京市生态系统服务需求现状，把北京市水源区生态系统服务划分为5种类型。北京市对水源地补偿主要以大型生态环境建设项目为主导，对损失农户或利益相关者直接补偿相对较少。因此，受益者和服务者链接不密切，项目资金使用效果和有效性较差。

第7章界定了密云水库流域生态服务补偿区域范围，并开展了主要利益相关者分析。通过GIS流域划分和土地利用变化，确定了水库优先补偿区、次补偿区和潜在补偿区。通过关键人物访谈、机构和农户调查以及专家问卷调查等方式对利益相关群体在流域生态补偿中的权利、利益关系进行分析。首先依据访谈和调查选取了14个利益相关群体，以各个利益相关者对流域保护和补偿的影响及其被影响的程度，分析了各利益群体受流域生态补偿政策的影响程度与利益需求程度、积极性和主动性、重要性、参与性、群体的影响力和权利情况，并对14个利益相关者的重要程度进行专家打分。

利用利益相关者分析矩阵将利益相关群体分为核心利益相关者、次核心利益相关者和边缘利益相关者3大类。从利益相关者多维分析可以看出，5个维度存在严重的不平衡，多数群体在"被影响程度与利益需求程度"、"重要性"两个维度所占比分很高，但是在"积极性与主动性"、"参与性"等方面明显不足，这反映了流域环境服务的准公共物品特征和各利益群体"搭便车"的心理和利益博弈的情况。利益相关者在权利、利益、积极性与参与性等方面的不平衡是导致生态补偿执行不力的重要原因。

第8章对流域生态补偿环境服务价值进行评估，确定生态补偿服务标准，分析农户最大支付意愿的影响因素。在流域生态补偿现状分析的基础上，考虑到密云水库整个流域水资源紧缺、水资源价值在上下游差异大以及流域环境服务需求大的现状，通过水资源效益价值法、支付意愿调查法和发展权限制的机会成本等3种方法评估密云水库流域的环境服务价值，确定流域生态补偿标准。

水资源效益价值法从农业灌溉用水效益价值、工业用水价值、城镇生活用水价值和综合用水价值4个方面进行评估。条件价值评估方法（CVM）通过问卷调查获得下游北京市居民对密云水库水资源供应和水环境保护的支付意愿（WTP），基于Tobit模型、断点回归（Internal Regression，IR）模型、分位数回归（Quantile Regression，QR）模型、最小二乘模型对最大支付意愿及其影响因素进行对比分析，尤其是分位数回归模型可以分析影响不同支付能力和收入阶层受益者的最大支付意愿及其主要影响因素，为政策的制定提供更为精准的参考。

利用相似地区参照的方法，分析水源区和参照地区的农民纯收入和城镇居民收入的差距，作为发展权限制的生态补偿标准。结果显示：利用3种方法评价的结果相差较大，基于机会成本损失的补偿最低，最大支付意愿的评估结果最高。

利用水资源效益价值法评估得到的赤城县综合用水效率是1.59元/m³。利用白河流域平均额外增加的供水量0.94亿m³与综合用水效益1.59元/m³的乘积，得到基于水资源量的效益价值评估的生态补偿标准是1.4946亿元/年。

利用中位数作为被调查者的最大支付意愿，密云水库WTP的中位值是10元/户·月，官厅水库WTP的中位值是5元/户·月，整个流域WTP的中位值是10元/户·月。利用Kritrom B修正的模型计算得出密云水库E（WTP）为17.41元/户·月，年平均最大支付意愿为208.94元/户·年。与首都功能核心

3

区、城市功能拓展区（北京城 6 区）的常住人口户数的乘积，计算得到密云水库最大支付意愿的生态补偿标准是 5.7584 亿元。

利用 Kritrom B 修正的模型计算得出官厅水库 E（WTP）为 15.84 元/户·月，年平均最大支付意愿为 190.09 元/户·年。官厅水库最大支付意愿的生态补偿标准是 5.2388 亿元。

整个流域综合支付意愿的 E（WTP）$_{正}$、E（WTP）分别为：33.65 元/户·月、26.08 元/户·月，年平均综合最大支付意愿为 312.9338 元/户·年。流域综合最大支付意愿的生态补偿标准是 8.6245 亿元。研究发现，环境服务支付意愿存在范围问题（Scale matter），密云、官厅水库综合支付意愿和密云水库支付意愿比较接近。

利用经济总量和产业结构相似度的方法选择相邻发展水平和产业结构，得出赤城县机会成本损失是 2870 万元/年，丰宁总体机会损失平均达到 2207 万元/年，滦平县总体机会损失平均达到 5066 万元/年。

对比以上 3 种生态补偿评估方法发现：最低的评估结果是基于发展权限制的评估结果，最大支付意愿的评估结果最高。研究提出了依据 3 种评估结果互相补充的生态补偿标准体系。发展权限制的评估方法可以用于通过财政转移支付和京冀横向财政转移支付补贴当地居民收入的最低补偿标准。水资源效益价值评估的结果可作为上下游跨流域调水的补偿标准，用于跨流域调水时对上游区域和农户的补偿。支付意愿调查法评估的结果可以用于最高环境服务需求层次的补偿标准，因为水质和水量的改善同时也带来优美景观、生物多样性等的改善，可以作为流域生态系统服务的综合补偿，从而形成以发展权限制的机会成本为基础、水资源经济价值评估为应用、支付意愿调查为高层次环境服务需求的多层次生态补偿标准体系。

本研究同时对流域环境服务的支付方式进行调查，结果显示：农户更愿意选择适当增加水费、电费和交生态保护税的方式进行支付。这个结果与世界银行"生态有偿服务在中国：以市场机制促进生态补偿"中提出的观点相互印证。

利用 Tobit 模型、断点回归（Interval regression）、分位数回归（Quantile regression）模型模拟出最大支付意愿及其影响因素，指标筛选后最终进入模拟模型的指标包括：是否知道密云水库是北京市主要地表水源、环境相对经济的重要性程度、是否购买瓶装水以改善饮用水质、是否有水质改善的需求、性别、年龄、教育年限、家庭年收入和职业等 9 个指标。模拟结果显示：3 个模型中作为中点回归的断点模型拟合较差，只有 2 个指标具有显著性相关，Tobit 模型比断点模型较好，模拟的结果有更多指标具有显著性，与 QR 模拟结果有一定的相似性。3 个模型模拟结果都显示 WTP 与家庭收入在 1％ 显著水平上具有正相关关系。分位数回归的模拟显示在不同分位数上，WTP 影响因素有差异，尤其在高分位数上，所选择的 9 个指标都具有很强的显著性，除了与年龄呈负相关外，其它家庭收入、环境态度、认知、环境改善需求、受教育年限和性别的指标都呈正相关关系，也进一步印证了 WTP 的理论假设和调查结果的可靠性。

第 9 章对流域生态补偿实施效果和主要驱动力进行分析。国家投资的首都水资源可持续利用规划项目和京津风沙源治理项目执行的效果不太理想，投资高，但项目多滞后，水土流失治理效果一般。同时，对农户参与、以节水为优先目标的稻改旱项目的实施效果进行分析。由于 2006-2007 年稻改旱项目补贴是 450 元/亩，2008 年又增加到 550 元/亩，稻改旱项目后仍可以种植玉米，这个政策对农户是非常有利的。但是课题组调查农户的满意度和自愿参与度都比较低。

由于实际稻改旱实施过程中，根据各县的情况和不同地块的稻改旱后损失情况，制定了不同的补贴标准。稻改旱面积认定也差别很大，按照前一年的稻茬面积补贴，存在一定的不确定性。同时，还存在着村、镇、乡克扣补贴款的情况，导致农户的不满意程度加剧。

稻改旱项目的资金使用效率很低，赤城、丰宁和滦平县多年水稻种植面积占稻改旱面积的比例分别是 34.64％、63.87％、6.39％。稻改旱补贴面积远大于上游实际水稻种植面积，资金使用效率很低，大部分经费用于县、乡、镇各级政府的管理等费用，实际农户得到的补贴并不高，如果按照稻改旱的实际面积补贴农户，农户仍然存在较大的损失，最高损失高达 50％，也有极个别乡镇水稻产量低，稻改旱补贴后获得一定正收益。

通过水稻实际播种面积的稻改旱损失与下拨到各乡镇的稻改旱补贴的差值，计算稻改旱的实际损失。结果显示：只有极少乡镇是负收益，大部分乡镇是正收益。但是，由于存在乡镇克扣补偿费现象，扣除乡镇管理费后农户的收益损失情况需要进一步调查分析。

农户的接受意愿基本上反映了稻改旱的实际损失，但由于补偿面积核算的问题和农户补贴分配不公平、管理效率低等问题，稻改旱项目的满意程度较低，稻改旱项目实施执行成本较高，停止补贴后复种的可能性比较大。

利用频率和稻改旱接受意愿加权平均计算得到接受意愿的平均值是 738.61 元/亩·年。基本上是种植水稻和玉米的收益差值，符合实际情况。

第10章结合首都经济圈规划和主题功能区划，建立京冀流域生态补偿机制和政策框架。从6个方面构建了北京市水源区生态补偿机制和框架应包括：生态补偿的目标、原则、补偿主体与对象、优先领域、补偿依据和标准体系、实现路径和制度安排等，并从制度层面和技术层面提出了生态服务补偿具体保障措施和对策建议，构建了补偿框架图。

CONTENTS

目　录

引　言

　　由于生态服务补偿政策存在结构性缺位和公共管理体制与制度的问题，目前中国流域环境服务利益相关者之间利益错位，服务提供者和服务消费者（受益者）之间没有建立直接的联系，环境服务处于"供给不足"状态，环境服务支付意愿的评估成为流域生态补偿机制构建研究的重要手段之一。生态补偿机制是调整损害与保护生态环境的主体间利益关系的一种制度安排，是保护生态环境的有效激励机制（李文华、李芬、李世东，2006）。由于流域生态效益的外部性和水资源的准公共物品特性，上游保护、下游受益的现象普遍存在，对流域水源区环境保护的努力和发展受到限制的损失给予一定的经济补偿成为流域保护和管理的重要举措。流域生态补偿机制对城市水源地保护和协调流域上下游水资源利用和冲突具有重要作用。

　　北京属温带半干旱、半湿润性季风气候，全市多年平均降水量595mm。北京市多年年均降水量595mm，年可利用水资源总量43.33亿 m^3（包括入境水量），人均水资源不足300立方米，只有全国人均占有量的1/8，世界人均占有量的1/30，远低于国际公认的1000m^3的缺水下限，属于重度缺水地区（21世纪初期（2001—2005）首都水资源可持续利用规划，2002）。北京属于资源性缺水城市，地表水资源主要依赖外来水的永定河、潮白河、蓟运河3条河流流入北京市境内的水量。1956—1997年北京市多年平均入境水量为16.5亿 m^3，其中永定河和潮白河的入境水量占95％；但是2003年以来北京市多年平均入境水量大幅下降，2008—2011年北京市入境水量只有1956—1988年的26％，永定河、潮白河、蓟运河分别只占10％、31％和18％（见下表）。这两条河流的水量是通过官厅水库和密云水库来供应北京的城市用水。1999年以来，随着经济的飞速发展，城市化水平和人口集聚程度的提高，北京市的城市用水增长迅速，多年平均用水在40亿～45亿 m^3 之间（李善同等，2004），北京资源环境的承载压力日益增大。

同时，城市水源地上游冀北地区的生产和部分生活污水的直接排放破坏了当地以及流域内的水生态环境，并最终导致了 1997 年官厅水库退出北京城市饮用水系统，只供工业用水和环境用水。水资源短缺、水环境污染已成为制约北京城市可持续发展的主要因素。因此，协调上下游之间的利益，实现水源地跨区域的生态可持续发展模式，已成为解决目前面临问题的重要途径。

北京市入境水量统计成果表（单位：亿 m³）

河系		永定河	潮白河	蓟运河	全市
多年平均入境量	1956—1988 年	10	7. 6	0. 8	18. 4
	1956—1997 年	8. 5	7. 1	0. 9	16. 5
	2003—2006 年	1. 38	2. 41	0. 14	4. 84
	2008—2011 年	0. 80	2. 40	0. 15	4. 35

资源来源：21 世纪初期（2001—2005 年）首都水资源可持续利用规划资料汇编；北京市水资源公报（2003—2011 年）。

跨边界流域水资源管理过程中，上游追求经济利益发展高污染、高耗水等粗放型产业，导致下游水质污染和来水量减少，从而导致流域环境保护和经济发展的冲突，区域经济、社会和环境发展不平衡加剧。为了改善这种上下游之间冲突的局面，近年来国际上提出水资源综合管理（Integrated Water Resources Management），其核心是化解流域上下游水资源利用的冲突和建立利益协调机制，形成上下游水资源的合作管理框架（Clausen T J，Jens Fugi，2001；曾维华，程声通，杨志峰，2001）。其中，一种最重要的流域综合管理模式是利用环境服务付费（Payment for Environmental Services，PES）的经济手段解决流域水资源利用的冲突（Landell-Mills，N. Porras I T，2001；Robert M，Edwin W D，2003），中国与之相应的概念是生态补偿。生态补偿是为了解决环境外部性和资源的非市场价值转换而对环境服务的提供者给予一定的经济补偿，从而使社会、经济与环境协调发展的一种制度安排。

作为全国的社会、经济和文化中心，北京市用水高度集中，供水保证率要求高，水资源的紧缺对北京市社会经济影响很大（宋建军，2006）。同时，由于北京市大部分水源区处于北京郊区的贫困山区和河北省，这些地区为了保证北京市的清洁饮用水源，长期以来在水源保护上做出了很大努力，也遭受了一定发展的限制和损失，也没有能力进一步担负起环境保护和污染治理的重任。为了保证北京市水源地供水安全和区域的协调发展，进行流域综合管理，实施生态补偿措施是实现整个流域可持续发展的重要选择。

本项目在生态补偿理论探讨和实证分析的基础上，分析了北京市主要地表水源密云水库和官厅水库流域环境服务价值评估和生态补偿机制问题。探讨了密云、官厅水库流域生态补偿范围和利益相关者分析、流域水资源经济效益，定量评估了环境服务价值和发展限制的损失，并研究了稻改旱项目流域生态补偿实施效果和主要驱动力，构建了北京市与其水源区生态补偿机制框架和上下游协调发展的对策。

研究的意义、生态补偿概念与内涵

1.1 本研究的理论和实践意义

生态补偿机制是调整损害与保护生态环境的主体间利益关系的一种制度安排，是保护生态环境的有效激励机制（李文华，李芬，李世东，2006）。建立有效的生态补偿机制是促进区域全面、协调与可持续发展的重要举措（王金南，庄国泰等，2004），国内外各种形式的生态补偿案例已显露出了生态服务补偿机制的构建对实现区域公平和协调发展的重要作用（Danièle Perrot-Maitre Patsy Davis，Esq，2001；Ian Powell，Andy White，Natasha Landell-Mills，2002）。由于流域生态效益的外部性和水资源的准公共物品特性，上游保护、下游受益的现象普遍存在，对流域水源区环境保护的努力和发展受到限制的损失给予一定的经济补偿成为流域保护和管理的重要举措。

由于北京市大部分水源区处于北京郊区的贫困山区和河北省，这些地区为了保证北京市的清洁饮用水源，长期以来在水源保护上做出了很大努力，也遭受了一定发展的限制和损失，构建上下游环境与经济协调发展的生态补偿机制是关键。本研究采用条件价值评估和选择模型方法，在第一手资料调查的基础上，对生态补偿的价值、损失和标准进行定量评估，构建生态补偿与水源区保护的互动机制，并提出北京市与其水源区生态补偿机制的政策框架和上下游协调发展的对策，研究具有重要的理论价值和现实意义。

1.2 生态服务补偿的概念、内涵及研究范围的界定

在国际上1990年代就提出环境服务付费（Payment for Environmental Services，PES）或者生态系统服务付费的概念（Payment for Ecosystem Services，PES）。国际上比较有影响的对生态环境服务付费的概念主要有两个：世界农林中心

（world Agroforest Center）的 RUPES 项目（Rewarding Upland Poor for Environmental Services，RUPES）的界定、国际林业研究中心（CIFOR）的界定（靳乐山，李小云，左停，2008）。

RUPES 认为（Noordwijk et al.，2005），具备以下 4 个条件的生态环境保护经济手段才是生态环境服务付费（PES）：

（1）现实性，即该机制手段是基于某种现实的因果关系（如种树有固碳和减缓温室效应的作用），和基于对机会成本的现实权衡。如有研究者提出，在寒温带种树会加剧而不是减缓温室效应，那么，排碳企业为寒温带种树而支付的费用，就不能叫做生态环境服务付费。

（2）自愿性，即付费的一方和接受费用的另一方在这个机制中所做的，是充分知情下的自愿行为。

（3）条件性，即付费是有条件的，付费的条件是可监测的。有合同约束，达到什么条件就付多少费。

（4）有利于穷人的，该机制应是促进资源的公平分配，不致使穷人受损。

国际林业研究中心（CIFOR）的界定（Sven Wunder，2005）的生态环境服务付费 PES 是：

（1）一个自愿的交易行为，不同于传统的命令与控制手段；

（2）购买的对象"生态环境服务"应得到很好的界定；

（3）其中至少有一个生态环境服务的购买者和至少一个生态环境服务的提供者；

（4）只有提供了界定的生态环境服务，才付费。

由于中国资源产权属于国有和长期以来环境欠账严重，尚没有完全存在按生态环境服务价值付费的情况，生态补偿的概念更符合中国环境保护与生态建设的现实。生态补偿的概念从最初的对环境保护的补贴到目前的对水生态服务价值的购买和发展权限制的补偿等多方面的补偿体系，概念和内涵的发展经历了一个从自然到人文、从生态建设管理到环境经济政策的过程，不同学者对生态补偿概念和内涵的理解也不同（王德辉，2006；王金南，2005；冯东方，2006；张惠远，2006），其中重要的分歧是一般意义上的污染治理和排污收费是否属于生态补偿的范围。以王金南提出的生态补偿的概念和内涵被较为广泛地接纳，王金南认为生态补偿包括 4 个方面的补偿内容，服务补偿（Payment for Ecological Service）：向提供生态服务功能价值支付费用。资源补偿（Resource Based Ecological Compensation（EC））：自然资源意义上的生态补偿，对自然资源"占一补一"；

破坏补偿（Damage-Based EC）：对个人和企业破坏生态环境行为和后果的一种经济惩罚；发展补偿（Development Based EC）：对保护生态环境或放弃发展机会的行为予以补偿，发展权的补偿；保护补偿（Conservation Based EC）：对具有重大生态价值的区域或对象进行保护性投入。生态补偿的概念有广义和狭义两种理解。广义的生态补偿包括污染环境的补偿和生态功能的补偿。狭义的生态补偿，则专指对生态功能或生态价值的补偿，包括对为保护和恢复生态环境及其功能而付出代价、做出牺牲的区域、单位和个人进行经济补偿；对因开发利用土地、矿产、森林、草原、水、野生动植物等自然资源和自然景观而损害生态功能或导致生态价值丧失的单位和个人收取经济补偿等。

"中国环境与发展国际合作委员会"（以下简称"国合会"）对生态补偿的概念进行界定，提出"生态补偿是一种以保护生态服务功能、促进人与自然和谐相处为目的，根据生态系统服务价值、生态保护成本、发展机会成本，运用财政、税收、市场等手段，调节生态保护者、受益者和破坏者经济利益关系的制度安排。"

"国合会"的定义在中国是有代表性的，其中包含三层含义。第一，生态补偿是生态环境外部性的内部化手段，通过生态补偿来抵消资源开发造成生态环境破坏的外部成本；第二，生态补偿是一种促进生态环境保护的经济手段，通过开展有利于生态保护的财政和税收制度改革，优化社会经济活动和资源配置；第三，生态补偿是一种区域协调发展制度，依据生态环境的外部性和区域性特征建立区域生态补偿机制，提高生态环境保护的积极性和保护效率，促进区域的协调发展（"国合会"，2006）。

因此，从可操作性的角度看，生态补偿机制是指调控生态环境建设中相关方利益关系而采取的一种制度安排，具体包括生态补偿主体、补偿对象、补偿内容、补偿标准与补偿方式等方面，采取的措施包括政策、法律和经济手段等。

可以看出，中国的生态补偿概念是一个较为广义的概念，国际上的生态环境服务付费是一个较为狭义的概念。

生态补偿的范围包括：水源区或库区移民搬迁的补偿；污水处理厂建设的补贴；清洁卫生设施等环境保护的投入；对上游水源林的补偿，包括生态公益林、封山育林和植树造林的补贴；坡耕地退耕的补贴；对区域发展限制的补偿；控制农村非点源污染而限制农药化肥的过量使用对农户生产损失的补偿等多个方面。目前中国生态补偿主要在生态功能区、流域、矿山和生态要素（如林业）的补偿等四个优先领域。流域生态服务补偿作为生态补偿的优先领域，补偿过程和机制包括：补偿主体和范围的界定、补偿类型、标准、补偿方式等方面。本章主要回顾中国不同规模流域上下游与水资源质与量相关的流域环境保护行动及其补偿支付行为，包括国家支付和基于市场的流域上下游地方政府、水电公司、工业企业、农户等的补偿支付及其相关的权利与义务约定、机制、行动、政策、立法等，并对不同的补偿支付案例及其特征进行分类。

因此，生态补偿（Eco-compensation）是以保护和可持续利用生态系统服务为目的，以经济手段为主调节相关者利益关系的制度安排。城市饮用水源地生态补偿是为促进水源地生态环境保护，促进饮用水源地所涉及的各地区间、各用户群体间的公平和社会协调发展的一种制度安排，它是以保护生态环境，促进人与自然和谐发展为目的，根据生态系统服务价值、生态保护成本、发展机会成本，运用政府和市场手段，调节生态保护利益相关者之间利益关系的公共制度。

2 国内外研究现状

2.1 国外流域生态服务支付的案例与研究进展

国际上对生态补偿的理解是指环境服务支付（Payment for Environmental Services，PES），表示企业、农户或政府相互之间对环境服务价值的一种交易行为，生态补偿的方式主要是进行生态系统服务购买和环境服务付费，同时也在寻求对维持生态系统服务成本的补偿方式，是建立在产权清晰和交易成本较低的基础之上的。最早的流域生态服务市场起源于流域管理，早在1933年美国实施田纳西河（Tennessee）流域管理计划，目前田纳西流域已经在航运、防洪、发电、水质、娱乐和土地利用等方面实现了统一开发和管理，使流域经济与环境协调发展，成为流域管理成功的典范。1985年美国开始实施耕地保护性储备计划（Conservation Reserve Program，CRP），保护性储备计划为减少土壤侵蚀，政府通过与农民签订合同使之放弃在这类生态敏感的土地上耕作，并且种草种树，对流域周围的耕地和边缘草地、土地拥有者进行补偿。保护性储备计划也是美国保护性退耕计划（Land retirement programs）的一个重要组成部分（Marie B. Morris，2000）。美国纽约市与上游的清洁供水交易，也是通过环境服务交易实现流域环境和经济双赢的成功案例。20世纪90年代，纽约市为改善饮用水水源的水质，对上游卡茨基尔河（Catskills）和特拉华河的农场主进行了补偿，并要求其采用环境友好的生产方式以改善水质。纽约流域保护计划仅花费5亿美元，但是该计划的实施为纽约市节省了60亿美元水净化厂建设费用和每年3亿美元的运行维护费用。同时，水源保护项目的实施，保障了纽约市清洁用水的同时也使流域内多方利益相关者受益。

另外，哥斯达黎加1995年就开始进行环境服务支付项目（PES），成为全球环境服务支付项目的先导（Reyes V，Segura O，et al.，2002；Manrique Rojas，Bruce Aylward，2003）。美国为减少河流水资源的富营养化，改善水质，采用了污染信贷交易。澳大利亚在 Mullay-Darling 流域实施了水分蒸发蒸腾信贷，以改善土壤质量，哥伦比亚为流域管理征收生态服务税（Eco-taxation），巴西的州级税收"商品和服务流通所得收入（ICMS）"的分配机制对各地保护林地的积极性产生了消极的影响（Danièle Perrot-Maitre Patsy Davis，Esq，2001）。

随着人们对流域生态服务价值的认识和研究的逐步深入，越来越多的个人、企业、当地政府和组织愿意为流域服务"埋单"，以减少生态退化引发的生态服务减少及其导致的损失。各种形式和类型的流域生态服务补偿出现。据 Landell-Mills N. & Porras I T.（2002）在"银弹还是愚人金——森林环境服务及对贫困的影响市场开发的全球性展望"的研究中披露，世界上现已有 287 例森林环境服务交易，这些案例并非仅集中于发达地区，而是遍布美洲、加勒比海、欧洲、非洲、亚洲以及大洋洲等多个国家和地区。案例在参与人员的数目与类型、采用的偿付机制、竞争以及成熟程度等方面都有很大的不同，通常对当地和全球的福利也有不同的影响。归纳起来，国际上对生态系统服务的购买类型可以分为四大类：

（1）公共支付体系。公共支付体系指政府主导的补偿方式，政府提供项目基金和直接投资的补偿支付方式。在重要水源区和大范围的生态保护功能区公共支付方式能发挥重要的作用，但存在着信息不对称和效率低的问题。

（2）开放式的贸易体系。在政府限定了某项资源需要达到的环境标准后，没达标和超标的部门进行公开交易。

（3）自发组织的私人贸易。这种方式是指服务受益方与提供方之间的直接交易，包括诸如自发认证、直接购买土地及其开发权、生态服务使用者与提供者之间的直接偿付体系。这种交易方式市场化程度较高，以市场主导补偿的标准和方式，通常限定在一定的范围和透明度内，对产权和可操作的规则要求较高。

（4）生态标记。生态标记是对生态环境服务的间接支付方式。生态标记是间接支付生态服务的价值实现方式，一般市场的消费者在购买普通市场商品时，愿意以较高的价格来购买经过认证是以生态友好方式生产出来的商品，消费者实际上支付了商品生产者伴随着商品生产而提供的生态服务。

国际上流域环境服务支付的研究最早起源与 20 世纪 70 年代，源于对水资源经济价值和河流生态系统及其休闲娱乐功能的概念及其评估方法的经验探讨（Bayha K，C Koski.，1972；Young R A，S L Gray.，1972；Daubert J，R Young，1981；Ward F A.，1987），并提出了环境服务支付的概念和内涵，并对环境服务支付的模式、形成机制和评估方法等多个方面进行探讨，研究内容涉及生物多样性补偿、碳交易、森林生态效益补偿、流域生态服务功能及价值评估等多个方面（Daily，1997；Costanza，1997；Gairns，1997；MA，2003，Landell-Mills N.，Porras I T.，2002，Sara J. Scherr，Michael T. Bennett，et al.，2006）。一些国际组织，例如英国国际发展部（DFID）国际环境与发展研究所（International Institute of Environment and Development，IIED）、美国的森林趋势组织（Forest trends）、世界银行（World Bank）和国际热带木材组织（ITTO）等分别就流域、森林环境服务及其补偿机制在世界范围内的案例进行研究，并进一步探讨环境服务支付的内涵、模式、标准、机制和立法等方面（Francisco H A，2003；Suyanto S，Beria L.，2004）。

流域环境服务价值评估方法主要包括支付意愿调查法、市场替代法、旅游费用法、概念模型、径流与流域生态服务关系的经验模型等方法（Young，Gray，1972；Bayha K，C Koski.，1974；Daubert J，R Young.，1981；Ward F A.1987，Robert M，Edwin W D，2003）。基于支付意愿调查的假设条件评估法（CVM）成为公认的环境服务价值评估的有效方法。1963年Davis首次应用CVM研究了美国缅因州一处林地的游憩价值（Davis R K.，1963），此后该方法开始不断用于估算环境资源的游憩和美学价值，并与表现偏好法和选择模型（Choice Modeling，CM）方法进行了对比研究，研究领域也涉及水质、空气质量、生物多样性生态系统、健康风险、供水和游憩等多个方面（Mitchell and Carson，1989；Diamond and Hausman，1994；Rolfe and Bennett，1996；Boxall et al.，1996；Adamowicz et al.，1998；Hanley et al.，1998a；Morrison and Bennett，2000；Morrison，M.，Bennett J.，Blamey，R.，2002；Joan MOGAS，Pere Riera，Jeff Bennett，2004）。

2.2 中国流域生态补偿的实践与研究进展

中国生态服务补偿的实践在需求的驱动下，先于理论研究在国家、省、县市、村镇和流域等不同层次展开。由于水资源产权属于国家所有，对流域及其自然资源和环境的保护也主要由政府投资。1998年以来，由于全国范围内流域环境在不同尺度上的日益恶化，中央政府执行一系列大规模的、全国性的项目对流域环境服务进行国家购买和补偿，以恢复主要河流盆地的环境，包括天然林保护工程、退耕还林还草项目和森林生态效益补偿项目等大型环境补偿项目，中央政府是生态系统服务的主要购买者和资助者。同时，随着人们对生态服务价值的认识逐步深入，越来越多的个人、企业、地方政府和非政府组织愿意为生态系统服务支付一定的费用，以减少生态退化引发的生态服务减少及其导致的损失，因此出现了多种流域生态补偿类型，包括水权交易、异地开发、水电费补偿、流域上下游的共建共享等多种形式（沈满洪，2003；郑海霞，张陆彪，2006；中国水利水电科学研究院，2006；吕星，付保红，李和通，2006；世界混农林业中心，2006；靳乐山，左停，李小云，2006）。地方政府在小流域的生态补偿的自发活动和国家项目一起扮演着重要的补充角色（吕星，2005）。一些经济发达省份如浙江和广东等，为了保护水源，对上游进行生态补偿，例如广东省和上游江西省之间的东江源生态补偿模式，这使跨界的生态补偿机制得以建立。

中国对流域生态服务补偿的研究在 20 世纪 90 年代以来得以发展。由于实践的需求，中国流域生态补偿的研究最早起源于森林生态效益补偿和生态服务功能的研究（侯元兆，1995；刘璨，2002；李文华，李芬，李世东，2006）。张志强、徐中民等（2001）以黑河流域 1987 年和 2000 年的 1∶100 万 Landsat TM 图像解译数据为基础对 1987 年和 2000 年生态服务功能进行评价，并在 2002 年利用条件价值评估方法（Contingent Valuation Method，CVM）问卷调查了黑河流域居民对恢复张掖地区生态系统服务的支付意愿（WTP）。结果表明，黑河流域 96.6% 的居民家庭对恢复张掖地区生态系统服务存在支付意愿，平均最大支付意愿每户每年在 45.9～68.3 元之间。赵同谦、欧阳志云（2003）对我国陆地地表水生态系统服务功能进行研究，认为我国地表水的服务价值为 2000 年国内生产总值的 11%。

随后，流域生态补偿的概念被明确提出，开展了流域生态补偿的理论基础和概念、内涵的研究和探讨（王学军，1996；沈满洪，2001；毛显强，钟瑜，张胜，2002）。中国环境规划院在科技部"十五"重大科技攻关项目的资助下，开展了中国生态补偿机制和政策方案的研究，初步构建了中国生态补偿的框架，张陆彪、郑海霞、靳乐山等从市场的作用方面对流域生态服务支付进行分析，曹明德、马燕（2004）等从生态补偿制度和立法方面对中国生态补偿问题进行分析，邢丽从财政对策方面论述了生态补偿的可能性。康慕谊、徐晋涛等研究了退耕还林还草的生态补偿，并分析了补偿的合理性问题（王金南，庄国泰，等 2005）。

英国国际发展部国际环境与发展研究所（IIED）项目"中国流域生态补偿：政府与市场的作用"的研究，基于典型案例对中国流域生态补偿的方式和补偿机制进行探讨，分析政府和市场在流域补偿中所起的作用，其中金华江流域的案例对从保护成本和污染损失、支付意愿等方面对生态补偿的标准进行定量评估和分析（郑海霞，张陆彪，2006）。

2006 年国家环保总局在赣粤闽等重点流域开展了生态补偿调研，并在浙江、广东等省份开展了流域生态补偿试点，为构建全国生态补偿机制框架和实践进行了有益的探索（张惠远，2006）。中国水利水电科学研究院开展了"新安江流域生态共建共享机制研究"，从发电、供水、纳污、渔业、旅游、水保、饮料等方面对上游地区水生态效益的价值进行估算，提出新安江上游地区水生态效益分享与成本分担方式（刘玉龙，阮本清，张春玲等，2006）。中国环境与发展国际合作委员会（CCICED）生态补偿课题组从流域、矿产资源开发、林业和保护区作为案例研究的方向，分别提出了相应的结论和初步的政策建议。如流域案例研究提出建议国家加强流域生态补偿立法、应尽快出台流域生态补偿技术导则等；矿产资源开发案例研究以煤炭资源为例提出了生态补偿机制的初步设计；林业案例研究提出加大财政转移支付力度、培育发展森林生态效益补偿多元化融资渠道、完善森林生态效益补偿管理机制等；自然保护区案例研究针对不同保护区类型提出了一些初步的政策建议。

中国生态补偿机制得到国家和各级政府的高度重视，国家的一系列文件，如《国民经济和社会发展第十一个五年规划纲要》、《国务院关于落实科学发展观加强环境保护的决定》和《国务院 2006 年工作要点》都明确提出了积极推进环境有偿使用制度改革，加快、抓紧建立生态补偿机制的要求，并在财政、价格、税收、信贷、贸易等领域提出相应的改革政策。温家宝总理在 2006 年第六次环境保护大会上的重要讲话中明确提出，"要按照'谁开发谁保护、谁破坏谁恢复、谁受益谁补偿、谁排污谁付费'的原则，完善生态补偿政策，建立生态补偿机制"（王德辉，2006）。中央和地方财政转移支付应考虑生态补偿因素，国家和地方可分别开展生态补偿试点。浙江省政府还制订了《关于进一步完善生态补偿机制的若干意见》，是首例地方性质的生态补偿条例。2007 年两会上，生态补偿又成为重要提案。温家宝总理在参加海南省代表团的讨论中也提出尽快建立生态补偿制度，鼓励生态保护与建设。

2010 年年初，国务院将生态环境补偿列入立法计划，标志着我国的生态环境补偿立法终于进入实际操作层面。2011 年 11 月，生态补偿立法提上议程，《生态补偿条例》由国家发改委提交给国务院，提出按照森林、草原、湿地等几大生态系统，分别制定各领域生态补偿实施办法，明确各领域的补偿主体、受益主体、补偿程序、监管措施等，确定相关利益主体间的权利义务，形成奖优罚劣的生态补偿机制。要加快建立、健全基础支撑体系。要研究建立水源地及重要生态系统，尤其是重点生态功能区的服务功能监测和价值评估、生态破坏和环境损害的经济损失核算体系。要尽快制订各领域的生态补偿标准和计算方法体系，建立完善跨界断面的水量水质监测体系，加快建立生态补偿交易平台和信息统计发布制度。这些为我国进一步开展流域生态补偿研究和建立生态补偿长效机制，提供了政策保障。

在生态补偿实践方面，国家水专项主题六《水体污染控制战略与政策及其示范研究》主题《流域生态补偿与污染赔偿研究与示范》课题组织开展了生态补偿的试点，积极为地方开展流域生态补偿试点提供技术指导，并重点推动辽宁辽河、湖南湘江等典型流域的生态环境补偿试点，同时，也积极为国家生态补偿立法的前期准备工作提供技术支持（王金南等，2010）。建立国家重点流域跨界断面水质生态补偿机制成为地方试点实施的重点，如河北省子牙河流域、河南省沙颍河流域、福建省闽江流域、江苏省太湖流域、辽宁省辽河流域、浙江省新安江流域等。实践表明，基于跨界水质的流域生态补偿机制在这些流域已经取得了一定的效果，促进了流域治理力度和流域水质改善。试点省市都在准备进一步扩大该项政策的试点范围，河北和河南两省计划在全省全面推广流域生态补偿和污染赔偿制度。

江苏、浙江、福建、河北、河南、辽宁和山东等地方都开展了重点流域的生态补偿实践。这些地方准备继续推进流域水质生态补偿，计划未来 2~3 年在全省流域建立基于水质目标的流域生态补偿机制。2010 年 1 月，河南省人民政府办公厅印发《河南省水环境生态补偿暂行办法》，开始在省辖长江、淮河、黄河和海河四大流域 18 个市的地表水实施水环境生态补偿。

河北省 2010 年在全省七大水系全面实行跨界断面水质目标考核及扣缴生态补偿金制度，至今累计扣缴生态补偿金 8420 万元，2010 年 1~11 月，劣 V 类水质断面比 2009 年同期下降了 7.6％。

2010 年 5 月，山东省启动小清河流域上下游生态环境补偿试点，2010 年度省级财政筹措 1 亿元作为生态补偿试点启动和奖励资金。

2010 年 6 月 12 日，山东省财政厅联合海洋与渔业厅印发《山东省海洋生态损害赔偿费和损失补偿费管理暂行办法》，这是我国首个海洋生态方面的补偿和赔偿办法。

2010 年 7 月 12 日，中共苏州市委、苏州市人民政府印发《关于建立生态补偿机制的意见（试行）》，对县级以上限制工业发展的集中式饮用水水源地保护区内的村的生态补偿标准为 100 万元/村；对太湖、阳澄湖等重点湖泊的水面所在村的生态补偿标准为 50 万元/村；对水源地、重要生态湿地、生态公益林所在地的农民，凡农民人均纯收入低于当地平均水平的，均予适当补偿。

2010 年 10 月 17 日，浙江省发布《浙江省排污权交易有偿使用和交易试点工作暂行办法》，开始面向全省推行排污权交易。浙江嘉兴市、陕西省、浙江省、广东省也出台法规，实施排污权交易制度。

对于重要工程南水北调中线水源区的生态补偿主要由国家实施，2008 年中央财政已经通过一般性转移支付制度给湖北、陕西、河南安排了近 15 亿元水源区生态补偿资金。

2.3 总体评述

由于中国流域生态补偿市场不成熟，政府仍在生态补偿机制的建立过程中具有协调者甚至购买者的重要作用，但是政府购买模式中的突出问题是信息不对称。因为生态服务价值难以计量和货币化，生态补偿的标准难以确定。由于政府很难掌握每一种生态系统或生态服务的生态价值，往往会出现支付成本过高的问题，并且生态补偿数额与上游所提供的生态服务价值或污染所造成的损失难以形成链接关系，从而导致补偿效率低和交易成本过高等问题。同时，目前实施的生态补偿机制主要是地方政府主导的水质监测为目标的补偿或者罚款、补偿标准缺乏统一的政策框架和技术评估、协商或者上级政府确定，同时，缺乏流域生态补偿的法律支撑。因此，国家出台统一的法规、补偿标准技术评估方法和政策框架，利于推动生态补偿机制的进展，提高生态补偿的效率。

同时，流域利益相关者参与的热情和程度，以及生态效益在不同利益相关者之间的平衡问题也决定着生态补偿政策的效果。

流域生态服务补偿的理论基础与分析框架

生态服务补偿的理论基础包括生态服务功能价值理论（Ecological Services Value）、环境外部性理论（Ecological Externality）、生态资产理论（Ecological Asset）和公共物品（Public Goods）等理论，体现了生态环境服务作为一个公共物品，所具备的特殊的外部性、稀缺性，并且是具有经济、社会和生态价值。国际上对生态补偿的理解是指环境服务支付（Payment for environmental services），表示企业、农户或政府相互之间对环境服务价值的一种交易行为，是建立在产权清晰和交易成本较低的基础之上的。

3.1 理论基础

3.1.1 环境外部性理论

外部性理论最早是由亚当·斯密发现的。他指出，当个人追求自己的福利时，一只"看不见的手"会导致其他任何社会成员的福利增进。但"看不见的手"定理要依赖于一个隐含的假定——单个消费者和生产者的经济行为对于社会上其余个人的经济福利没有任何影响，单个经济活动主体从其经济行为中产生的私人成本和私人收益，等于该行为所造成的社会成本和社会收益。这种假定往往不能够成立，现实中更多的情况是：单个经济单位从其经济行为中产生的私人成本和私人收益经常与社会成本和社会收益无法对等，生产太多或者生产不足总是存在，帕累托最优难以达到。这一现象被马歇尔注意到，1890 年在其巨著《经济学原理》一书中将外部经济定义为："某些类型的产业发展和扩张是由于外部经济降低了产业内的厂商的成本曲线。"

新古典经济学认为，在完全竞争的市场条件下，社会边际成本与私人边际成本相等，社会边际收益与私人边际收益相等，从而可以实现资源配置的帕累托最优。但是在现实中，由于外部性等因素的存在往往使上述情况很难出现。

庀古认为，社会边际成本收益与私人边际成本收益背离时，不能靠在合约中规定补偿办法予以解决。这时，市场机制无法发挥作用，即出现市场失灵。这就必须依靠外部力量，即政府干预加以解决。当它们不相等时，政府可以通过税收与补贴等经济干预手段使边际税率（边际补贴）等于外部边际成本（边际外部收益），使外部性"内部化"。比如一方面由政府对造成负外部性的生产者征税，限制其生产；另一方面，给产生正外部性的生产者补贴，鼓励其扩大生产。

外部效应理论在生态保护领域已经得到广泛的应用，例如排污收费制度、退耕还林制度等就分别是征税手段和补贴手段的应用。

流域作为一个生态系统，上游对流域的保护或破坏都会影响到下游的福利和生产成本，具有明显的外部性特征。外部成本和外部效益的协调问题，需要生态补偿机制实现。

3.1.2 生态服务功能价值理论

人类早就意识到了生态系统对人类生存和发展的重要作用。但关于生态系统服务功能或环境服务功能的研究却始于 20 世纪 70 年代。Westman（1997）提出"自然的服务"（nature's services）的概念及其价值评估问题（Westman，1997），到 1997 年 Daily 主编的《自然的服务——社会对自然生态系统的依赖》（Daily 等，1997）的出版及 Constanza 等的文章《世界生态系统服务与自然资本的价值》（Costanza 等，1997）的发表，标志着生态系统服务的价值评估研究成为生态学和生态经济学研究的热点和前沿。

生态系统提供的商品（如食物、木材等）和服务代表着人类直接和间接从生态系统得到的利益。Constanza 等（1997）将生态系统提供的商品和服务统称为生态系统服务（Ecosystem Service）。Caims（1997）认为生态系统服务是对人类生存和生活质量有贡献的生态系统产品和生态系统功能（Carins，1997）。因此，生态系统服务可分为两大方面，即生态系统提供的人类生活必需的生态产品和保证人类生活质量的生态功能。生态系统服务包括农业、渔业、林业、水供给等商品和淡水控制、水土保持、生物多样性维持等服务，它们与人造资本和人力资本结合在一起产生人类的福利。生态服务的价值包括直接利用价值、间接利用价值和非利用价值。流域环境具有这些价值，从而构成了流域生态补偿的基础和依据。

3.1.3 生态资产理论

生态系统提供的生态服务应被视为一种资源、一种基本的生产要素，所以必然离不开有效的管理，而这种生态服务或者说价值的载体便是我们常说的"生态资本"。"生态资本"又称"自然资本"，从功效论看，必须承认生态环境对我们是不可或缺的，是有用的。从财富论看，生态环境是我们创造财富的要素之一。

不管是土地、矿藏，还是森林、水体，作为资源它们现在都可以通过级差地租或者影子价格来反映其经济价值，从而实现生态资源资本化。

生态资本主要包括以下4个方面：能直接进入当前社会生产与再生产过程的自然资源，即自然资源总量（可更新的和不可更新的）和环境销纳并转化废物的能力（环境的自净能力）；自然资源（及环境）的质量变化和再生量变化，即生态潜力；生态环境质量，这里是指生态系统的水环境质量和大气等各种生态因子为人类生命和社会生产消费所必需的环境资源。而整个生态系统就是通过各环境要素对人类社会生存及发展的效用总和体现它的整体价值。随着社会的进步，人类对生存环境质量的要求就越高，生态系统的整体性就越重要，而生态资本存量的增加在经济发展中的作用也日益显著。

生态资产理论体现流域环境和水资源的稀缺性和价值，也是生态补偿的重要理论依据和基础。

3.1.4 公共物品理论

按照微观经济学理论，社会产品可以分为公共产品和私人产品两大类。一般认为，公共产品的严格定义是萨缪尔森给出的。按他的定义，纯粹的公共产品是指这样一种产品，即每个人消费这种产品不会导致别人对该产品消费的减少。与私人产品相比较，纯粹的公共产品具有以下两个基本特征：非竞争性和非排他性。

公共产品的非竞争性和非排他性，使得它在使用过程中容易产生两个问题："公地的悲剧"和"搭便车"问题。生态产品在很大程度上属于公共产品。作为公共产品的生态产品，由于消费中的非竞争性往往导致"公地的悲剧"——过度使用，由于消费中的非排他性往往导致"搭便车"心理——供给不足。政府管制和政府买单是有效解决公共产品的机制之一，但不是唯一的机制。如果通过制度创新让受益者付费，那么，生态保护者同样能够像生产私人物品一样得到有效激励。

通过上述分析可以看出，生态补偿机制就是这样一种制度：通过一定的政策手段实行生态保护外部性的内部化，让生态保护成果的"受益者"支付相应的费用；通过制度设计解决好生态产品这一特殊公共产品消费中的"搭便车"现象，激励公共产品的足额提供；通过制度创新解决好生态投资者的合理回报，激励人们从事生态保护投资并使生态资本增殖（沈满洪，杨天，2004）。

3.2 生态服务补偿制度的经济学基础和机制

从理论和实践上建立因果关系链的需要如前所述，重要的是先要确定生态系统保护与管理和向受益者提供生态服务之间的因果关系。这种关系一旦建立，支付既可以提供所需的环境产品和服务，也可以防止相关状况的恶化。

值得注意的是，19世纪60年代早期被OECD国家所提倡的"污染者付费"的传统方法，目前在中国的实践中被广泛转变为生态有偿服务方法。但在理论上，污染者被征收的费用额与之对其他人造成损害量相联系，从本质上与生态有偿服务制度中使用的是"受益者付费"不尽相同，因为污染者需要为其造成的环境损害而付费，而服务受益者并没有被要求为没被污染的服务支付费用。尽管"污染者付费"和"受益者付费"两种方法不同，但二者可以结合起来共同为改善环境服务管理发挥作用。

生态有偿服务和"低果先摘"。经济学家喜欢"低果先摘"的理念，即用最小的努力取得易于获得的胜利，就好比是从低树枝上最容易摘取果实一样。在生态有偿服务制度的发展历程中，我们也在寻找"易于先摘的果实"，即那些易于快速实现的生态有偿服务的应用案例。这类案例将会在以下条件满足时出现：

（1）生态服务的提供者和受益者之间的因果关系明确且相对密切；

（2）受益者意识到生态服务的重要性和价值；

（3）存在生态有偿服务资金收集和转移（支付）的有效机制（制度和法律）；

（4）资金筹集和转移支付的机制已到位；

（5）服务提供者数量可控，服务受益者的数量可清楚界定，并且不致过大（或至少可以被清楚地界定，如市政水用户的案例）；

（6）具有建立生态有偿服务制度的公共和私人部门的支持（如政府和个人）。

实施生态有偿服务的政治经济学考虑。即使生态有偿服务体系理论上完全说得通，但有一个潜在的又非常现实的政治经济学问题有待解决。当引进某种全新的，特别是需要从一个群体筹集资金，然后转移支付给另一个群体时，对社会其他成员来说到底意味着什么。例如，一群环境服务的提供者开始得到以前从来没有过的补偿，其他地区的环境服务提供者是否也会要求补偿？这是一个非常自然的考虑，需要在实施安排上加以关注。答案是，理论上那些有价值的生态服务提供者应该得到补偿。问题在于，不是每个社会都具有这样的制度安排能力。与其将之作为理由不建立生态有偿服务制度，还不如提高资源管理者对于这种生态有偿服务制度需求的认识，并从现在开始深入理解环境服务的价值并更加珍视环境资源，而这恰恰是生态服务提供者和受益者长期良好合作的基础。除了公共支持和参与，政治意愿也将在建立和实施生态有偿服务中发挥至关重要的作用。

3.3 建立生态服务补偿制度难易的决定因素

值得再次强调的是，生态有偿服务并不仅仅意味着政府要为生态服务的提供者买单。这种所谓的"供方"生态有偿服务只是政府利用纳税收入履行其职能，已实现诸如健康、教育、国防和环保等多种目标的一种方式。生态有偿服务制度的特点在于环境服务的使用者和提供者之间的供求关系所带来的资金链接。这些资金可能来自新的、额外的收入来源，也可能来自现有的收入。

既然生态有偿服务制度基本上是在以往并不存在的情况下创造一个新的市场，那么要想建立生态有偿服务机制，就必须考虑影响实施难易的因素。FEEM（2007）以及 Pagiola 和 Platais（2007）的研究报告对这些影响因素做了有益的探讨。以下是需要考虑的主要因素。

1. 因果关系间的"距离"

生态服务的提供者和使用者或受益者之间的时空联系可以是很直接的和即刻的（例如，小流域和饮用水或灌溉水的供给），也有可以是很遥远的（例如，碳汇及其对全球变暖的影响）。实践中，服务提供者和受益者之间的"距离"是决定生态有偿服务难易程度的一个重要变量。当"距离"小时，通常比较容易建立生态有偿服务制度，而"距离"大时会困难一些。

例如，生态有偿服务的早期例子常见于流域中，下游的水用户（受益者）支付资金给上游的流域管理者（服务提供者）。作为最早建立的基于流域的生态有偿服务的案例之一，哥斯达黎加的埃雷迪亚市上下游的距离只有几十公里。在另一个规模较大的案例中，纽约市和其上游水源保护区之间的距离要远得多（数百公里）。但二者概念上非常相似，因果关系也同样清晰。随后将会对这些案例予以讨论。与之相同，对于生物多样性保护而言，从那些娱乐消遣或观光的受益者中筹集资金往往会更容易。世界上许多海洋公园都对公园使用者收费，以保护更广泛的海洋资源。这是另一种生态有偿服务制度的例子。

2. 服务提供者和受益者的数量

尽管机构设置很重要，但建立生态有偿服务制度的难易程度通常取决于所涉及的人数（或单位或组织的数量）。由于生态服务的提供者需要接受补偿，因此便于管理的人数和存在管理他们（和进行支付）的机制是相当重要的。例如，在哥斯达黎加的埃雷迪亚流域，总计有几百名农民参与并接受补偿。而在其他地方，"服务提供者"的数量可能是几十人。这些案例比起那些具有成千上万（或者更多）服务提供者的案例——如在印度的主要流域的农民和林业者，显然更加容易处理。

同样，服务受益者的数量也很重要，不过往往不会成为一个大问题。在许多以流域为基础的生态有偿服务中，受益者（个人用户）已经在为水（或者电）付费。因此，额外的生态有偿服务收费可以加入到现有的账单中。供水公司事实上是个用户群。一个供水公司能代表成百上千甚至上百万的人。然而，如果没有现存的支付系统存在，建立一个新制度来收集费用将是巨大且昂贵的挑战。例如，有些生态系统提供的重要服务之一就是生物多样性的保护及其管理，但通常没有一个有组织的付费系统。即使人们重视生物多样性，但不习惯为其付费，而且事实上也不为其定期付费。因此，建立一个公平、透明和易于管理的支付制度是非常困难的，执行起来代价也相当高。一个特例是如果人们已在其常规税费，如财产税、个人所得税或者其他的使用费，支付了"生物多样性补偿费"。

从受益者中筹集资金并转移给服务提供者收费要花钱，支付也要花钱。因此，为了实施生态有偿服务制度，还将面临着一些管理和机制问题，即如何从受益者那里收费，并切实转移支付给服务提供者。许多早期的生态有偿服务都建立了专项"基金"，用于存放筹集而来的资金，直到都支付给服务提供者。显然，任何新制度的建立都要付出时间、精力和金钱，因为当任何一方——服务受益者或者提供者——所涉及的人群增加时，收费和支付的管理成本也将随之增加。

哥斯达黎加和其他流域生态有偿服务的案例都值得借鉴。它们强调了综合的管理系统以及融资机制（如何筹集资金）和支付机制（如何将筹集的资金支付给服务提供者）的必要性。生态有偿服务的可持续性要求管理成本尽量保持在一个低水平——大量成功的生态有偿服务制度的整体管理成本占总筹集资金的

20％或者更少，这意味着实际支付给服务提供者的资金占到80％或者更多。如果这两个数字对调一下，筹集资金的80％用于管理成本，这种生态有偿服务在筹集和转移资金的效率则非常之低。

在一些案例（如哥斯加黎达国家项目）中，非政府组织在生态有偿服务的执行中发挥了有价值的（成本有效性）作用。例如，哥斯加黎达国家项目的执行机构FONOFIFO按法律要求将成本控制在7％以下，这样将会把收取到的93％资金分给受益者。

法律和制度框架：毫无疑问，建立生态有偿服务制度最大的潜在障碍是合适的法律和制度框架的创建和发挥作用。由于资金筹措通常是新手段，并且支付给那些以前从未获得过补偿的人们，因此合适的法律和机制要求至关重要。是否建立新的法律或制度依每个国家，甚至是地方的具体情况而定。本书不对此详述，有价值的指导和案例可详见 Pagiola 和 Platais（2007）的水资源经济论文。

3.4 流域生态服务功能及其分类

流域是以水为主体的、动态的生态系统。在水循环的过程中，流域水体不断与外界进行物质和能量的交换，产生了自净能力，也就是具备了吸入消化污染物的能力。整个生态系统（全球16种生物类群）提供着包括防风固沙、净化污染物、优美景观等在内的17种重要的服务功能（Costanza 等，1997）。而流域系统作为生态服务系统的重要组成部分，它能提供水产品、水调节、生物多样性保护、废物净化、内陆航运、文化、休闲娱乐，以及流域森林的水土保持、水源涵养、木材生产和碳储存等多种生态环境服务（Daily，1997；Costanza，1997；Gairns，1997；MA，2003 等）。这些服务或功能是人类赖以生存和发展的重要的物质基础和保障。

其中，上游森林的涵养水源功能、点源、非点源污染控制是保证流域水质的关键。森林是地球上功能最完善的、生物量最大的陆地生态系统，在维护生态环境中具有任何生态系统不可替代的作用。同时，森林与水也是互相依赖、互相制约的关系，没有水就没有森林，没有森林也就不会形成河川。一旦森林遭到破坏，失去涵养水源的功能，就会产生水土流失等生态灾害，水资源也就失去了应有的价值，水环境功能下降。保护好上游的森林，充分发挥森林保持水土、涵养水源的生态功能对整个流域的社会经济发展都至关重要。上游地区限制发展污染工业企业，控制农药、化肥和生活污水与垃圾，减少污染源的排放，对流域水质具有关键性的影响。

总体上看，流域生态服务功能可以归纳为产品提供（淡水、水产品、木材和碳储存等）、调节功能（水调节、水土保持、水源涵养、废物净化等）、生物多样性保护（生境提供）和信息功能（景观、休闲娱乐等）（张陆彪，郑海霞，2004）。结合市场化程度，其中产品提供和信息功能是市场化生态服务功能；调节功能是间接市场化生态服务功能；而生物多样性是非市场化生态服务功能（见图 3-1）。

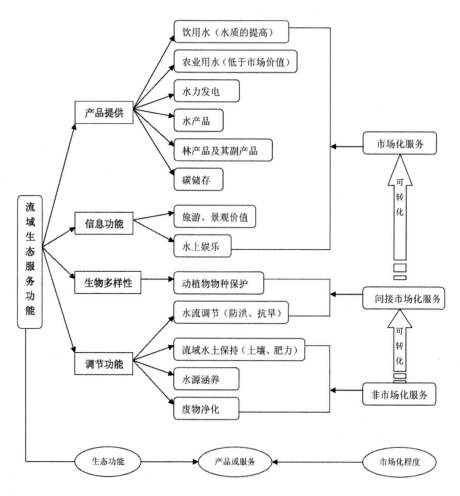

图 3-1　流域生态服务功能及其市场化

3.5 流域生态服务补偿的分析框架

流域生态补偿作为流域管理的一种制度创新，国际上早在 1970 年代就开始进行探索和应用，通过调动私人资金的投入和政府、经济实体、私人部门和公民社会的广泛参与，同时通过政府的宏观调控和政策引导、市场机制的作用，构建流域上下游的生态补偿机制（Mechanism of Payment for Watershed Services），激励生态保护与建设、遏制生态破坏行为，起到调节社会相关者经济利益的作用，以实现流域环境的治理和财产的第二次公平分配（张惠远，王金南，2006）。

流域生态补偿的基本原则是"受益者补偿，污染者付费"，通过对流域补偿主体和责任的清晰界定，剖析流域环境服务补偿过程，明确生态补偿的标准与方式。如前所述，由于流域生态补偿涉及的利益主体高度多样化，利益关系高度复杂化，因此非常有必要从公共治理的视角来分析和研究流域生态补偿机制，特别是利用世界银行发展研究小组提出的环境信息公开、利益相关者对话制度以及其他公共治理机制，构建一个公平的流域生态补偿机制和政策框架，从而实现整个流域的共建共享和环境的改善。而一个公平的、稳定的和可操作的生态补偿机制的建立反过来又能有助于实现流域环境的善治。

流域生态补偿机制构建、评估和分析，其基本的分析框架包含如下几部分内容：

（1）补偿范围的确定性和系统诊断。生态补偿的范围是相当广的，除了对恢复已破坏的生态环境的投入进行补偿之外，还包括对未破坏的生态环境进行污染预防和保护所支出的一部分费用以及对因环境保护而丧失的发展机会的区域内的居民的补偿、政策上的优惠和为增进环境保护意识、提高环境保护水平而进行的科研、教育费用的支出。具体的流域生态保护与补偿行动又可以分为：①对上游水源林的补偿，包括生态公益林、封山育林和植树造林的补贴；②坡耕地退耕的补贴；③水源区或库区移民搬迁的补偿；④污水处理厂建设的补贴；⑤清洁卫生设施等环境保护的投入；⑥对区域发展限制的补偿，这种补偿可以通过国家或省级政府制定优惠的产业政策，引导和帮助上游地区建立生态产业；⑦控制农村非点源污染而限制农药化肥的过量使用对农户生产损失的补偿。这 7 个方面的补偿是一般意义上的生态补偿的范围，由于流域生态环境问题的差异性，可以在对流域环境问题进行系统诊断的基础上，采取不同的补偿方案。

（2）补偿主体及其责任的界定。补偿主体及其责任的界定是流域生态补偿机制构建的基础和前提，分析和界定生态补偿的受益和责任主体，明确流域各利益相关者的权力和义务关系，开展赤水河跨省生态补偿试点，对黄河宁夏段采取共建共享机制和跨行业水权交易。

（3）流域生态服务补偿的基本原则。流域生态服务补偿的原则是流域补偿的基本前提条件，本文认为流域生态服务补偿的原则应包括：

1）谁受益，谁补偿；谁污染，谁治理；谁保护，谁受益。

2）公平性原则。流域补偿即减小环境外部不经济性内部化的手段，实现财富的第二次分配和转移，核心问题是解决上下游流域保护的财富分配的公平性问题。在补偿政策的制定方面要考虑公平性问题。

3）发展原则。推动流域生态保护的市场化和产业化发展，构建基于生态产业的产业结构特征，促进地方健康流域的能力建设。

4）可操作性原则。可操作性是流域保护最终可否能够实现的基础，包括补偿标准的制定、立法的完善、政策的支持等。

（4）补偿标准与环境补偿协议。在建立生态补偿机制中，补偿的依据和补偿标准的确定是非常重要的，也是推动流域生态服务补偿政策可操作性的必备条件和补偿的基本依据。生态补偿标准的确定可以通过基于水质水量供需的成本和效益评估、生态服务价值评估或者是生态破坏损失评估建立生态补偿标准，但由于生态服务价值多为非使用价值，评估多是构建虚拟市场进行估算，存在一定的争议。环境补偿协议通过双方"讨价还价"的形式达成"协议补偿"，也可以在一定程度上反映双方接受补偿的意愿和支付补偿的意愿。

（5）补偿方式及资金筹集方式。补偿方式包括补偿的类型、时间安排等。由于目前资金财力有限，仅通过政府无法筹集足够的资金，必须采取多渠道筹集流域生态服务补偿资金。资金可以来源于国家财政转移支付或生态建设项目，私有资金或国际机构筹集。

（6）建立生态补偿机制。建立长效稳定的生态补偿机制是生态补偿政策实施的关键，生态补偿机制是在上述生态补偿相关问题分析的基础上，建立相关的政策、制度、法规、组织机构和可操作性的补偿办法，为解决方案和政策建议提供参考。建立生态补偿机制的原则是循序渐进、协商共识，明确主体责任、共建共享、公平与"共赢"原则。

（7）补偿政策框架和补偿体系的构建。建立长效稳定的生态补偿机制，补偿政策框架和补偿体系的构建是基本保障，补偿政策框架可以规范生态补偿机制和市场，补偿体系可以作为补偿操作的参考和补偿效果的依据。

（8）补偿政策的实践和试点经验。在案例区试行生态补偿政策框架和补偿体系，并在实施过程中改进和完善流域生态补偿政策和补偿体系，为全国和其他流域生态补偿政策的推进提供借鉴。

研究方法与数据来源

4.1 数据收集方法

本研究采用了文献资料收集与分析、统计数据的收集与分析、关键人物访谈、实地考察和农户抽样调查等形式进行数据的收集。

4.1.1 文献资料的收集与分析

2008 年 1~6 月为二手资料收集阶段。收集了北京市、河北省关于流域管理、区域经济合作和目前实施的流域环境共建项目及其流域管理相关政策。同时，收集了研究中用到的二手资料，包括当地的地形图、1∶10 万土地利用图、赤城县、滦平县和丰宁县历年统计年鉴，并从上述 3 县的发改局、环保局、水务局、林业局、农业局等多个部门收集了相关流域管理、土地利用、区域经济和农户收入的相关数据、稻改旱、退耕还林等生态补偿项目的政策、执行情况以及前人在该区域的研究成果。

4.1.2 机构调研与实地考察

2009 年 7 月到北京市发改委和北京市水务局进行了调研，了解和掌握了京冀合作和生态补偿的相关政策、措施以及合作发展的历史和现状。2009 年 7 月实地考察了密云水库流域生态补偿和流域保护状况，对密云水库库区、水源地赤城、丰宁和滦平流域治理、水资源利用、环境保护、农业发展、农民收入等基本情况进行了调查。与赤城县、滦平县和丰宁县 3 县的发改局、环保局、水务局、林业局、农业局的相关负责人进行了座谈。

4.1.3 关键人物访谈和农户问卷调查

关键人物访谈法，通过交谈、询问搜集对当地发展有重要影响的人物的意见和看法，所获得的资料内容一般较多丰富、深入。关键人物包括当地长期从事流域管理的政府和研究机构的人员以及村长、长辈和农民组织的负责人。他们最了解当地环境状况以及流域管理和生态补偿中存在的问题，对他们的访谈将获取这些方面的珍贵信息。访谈主要采取半结构式，根据调查的主题设计次级主题，围绕次级主题进行访谈，以此循序渐进地切入访谈主题。

本研究访谈对象主要为密云县、延庆县、丰宁县、滦平县和怀来县环保、林业、财政、水务和市政部门、水务公司、工业企业、环保非政府组织以及相关行政村、镇的负责人、其他相关权威人物以及水库管理处的相关负责人，并作了农户随机访谈和问卷调查，了解他们对流域生态服务补偿的利益、关注的问题、责任与权利、行动及其在政策执行过程中的作用。

另外，采取农户问卷调查获取本研究所用第一手数据。农户问卷调查设计包括对上游流域生态补偿及其主要利益相关者农户的行动和收入变化，具体围绕农户基本信息、农户对流域环境保护的认知与态度、土地利用及其参加退耕、稻改旱等环境保护和生态补偿项目情况、2008 土地利用和农业生产投入产出情况、稻改旱项目及其投入产出变化、农户对稻改旱项目的参与性与生态受偿意愿、生态补偿项目对农户生计的影响与农户的反映策略、农户其他家庭生产活动及收入情况变化、农户的发展机遇与能力建设、农户的流域保护意识、信任与偏好等。问卷问题以封闭式问题为主，辅以部分开放性问题。调查采取面对面访谈的形式，于 2009 年 8 月 14 日至 9 月 3 日期间进行，随机抽取了 330 户农户进行问卷调查，其中有效问卷 301 份。调查过程中得到当地水务部门的配合和协助。同时，为了评估流域环境服务的价值，对北京市居民开展了"密云、官厅水库流域水质改善的支付意愿调查表"的调查。调查问卷见附件。

4.1.4 参与式农村评估

参与式农村评估（PRA）是目前国际上最新的社会调查方法之一，它综合了社会学、农业生态系统分析、农户经营系统分析、参与式行动研究与参与式学习方法，以及多个目标群的信息。人们自愿地、民主地和积极地参加社会、经济与生态发展项目的规划、实施和评估，因而是基于小组而不是个人分析，对有关问题的分析是基于民主的基础上，克服了个人偏见，调查结果容易被不同层次的决策者、管理者和当地公众所接受。尤其是生态服务补偿模式与形成机制分析中采用参与式农村评估方法综合了多个目标群的信息，是目前国际上最新的社会学研究方法。因此，PRA 被广泛应用于快速收集农村信息资料、资源环境状况与问题、农民愿望和发展途径的新方法。

PRA 的概念最早出现在 20 世纪 60 年代末，70 年代得到发展，80 年代初引入中国，20 世纪 90 年代开始在一些领域应用，被广泛应用于实地调查研究以解释人与自然之间的相互关系。这种方法就是人们自愿地、积极地参与到发展目标确定、政策制定和参加社会、经济与生态发展项目的规划制定、实施和评估，共同分享发展成果。该方法的核心是把发言权、分析权和决策权交给当地公众，发展工作者则成为变化的催化剂和一个要改变社区发展状况和进程的协调者。参与者包括外来者如政府官员、行业部门管理人员、技术人员和专家。参与的要素是平等合作、共同协商、联合确定活动、通过活动相互学习、共同承担责任、互利互惠（甄霖等，2007）。

该项目应用 PRA 方法的主要目的是快速及时收集可靠的密云水库流域生态补偿的政策、补偿模式与效果、流域社会经济和土地利用变化、水质与水量变化、主要影响因素和存在的问题、社区愿望和发展途径的信息。

这种方法可了解当地机构和公众是如何管理现有流域，以及公众对流域生态补偿和可持续管理的愿望，促使当地人民不断加强对自身与社区以及环境条件的理解，与发展工作者一道制订出行动计划并付诸实施，也利于研究者掌握利益相关者的意愿和利益关系，为生态服务补偿形成机制和政策框架的实施提供基本情况。此项目在所选案例区分别组织 2 次 PRA，参与者包括政府机关人员、当地农民、公司、企业相关人员以及研究人员。

4.2 数据来源

本研究建立在多层次、多来源自然和经济交叉的数据基础之上，主要数据保护流域水文和水资源数据、GIS 土地利用、地形数据、气象数据、社会经济统计数据。

4.2.1 流域水文和水资源数据

流域水文分布数据主要来源于国家基础地理信息中心的 1∶25 万基础地理数据，水资源利用结构数据来源于上游各县的水资源年报。流域水文站点数据包括密云水库以上潮白河流域 1973—2007 年 58 个雨量站的逐月、逐年降水量数据，以及流域出口水文控制站张家坟水文站、下会水文站 1961—2007 年逐月、逐年径流量数据（见图 4-1），以上数据来源于中华人民共和国水文年鉴海河流域水文资料。

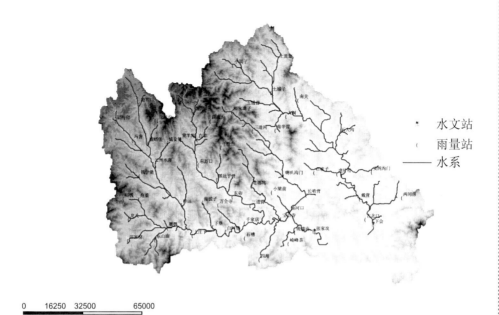

图4-1　密云水库以上潮白河流域水系、雨量站及水文站点分布

4.4.2 GIS 土地利用、地形数据

1980 年代中后期及 2000 年的密云水库以上潮白河流域的土地利用/土地覆被数据，来源于中国科学院资源环境科学数据中心根据是 Landsat TM/ETM 影像解译的全国 1:10 万土地覆被数据。密云水库以上潮白河流域 30m×30m 栅格数据，资料来源于 1:5 万地形图。

4.2.3 社会经济统计数据

上游各县和北京市各区县的社会经济统计数据，上游赤城、丰宁、滦平 3 县的退耕、稻改旱、耕地与作物结构、水资源利用等数据。

4.2.4 社会经济统计数据和农户调查数据

多年赤城县、丰宁县、滦平县社会经济统计年鉴，资料来源于赤城县、丰宁县、滦平县统计局。赤城县、丰宁县、滦平县的农业局、水利局、国土局等部门资料。另外还有作者的农村调研、机构调查和农户调查数据。

研究区基本情况 5

北京市主要地表水源地密云水库和官厅水库的大部分地区位于河北省的张家口和承德市。潮白河密云水库以上流域面积 15788 平方公里，其中北京市 3135 平方公里，承德 6107 平方公里，张家口 6546 平方公里，即密云水库集水面积的 80% 在河北省。

密云水库位于京郊密云县城北山区，地处北纬 40°19′～41°31′，东经 115°25′～117°33′，横跨潮河、白河主河道上，距北京约 80km，是华北地区最大的水库，总库容 43.75 亿 m³，由潮、白河两大水系组成，潮河水系的流域面积为 6960.59km²，白河水系的流域面积为 8827.41km²，密云水库控制潮白河流域面积的 88%，约 15788km²。潮河水系发源于河北省承德地区的丰宁县连桂乡哈拉湾，流经丰宁、滦平、承德县，在密云县的古北口进入北京，流入密云水库。白河水系的主干发源于河北张家口市的古源县九龙泉和崇礼县的山区，流经张家口市的古源县、崇礼县、赤城县、宣化区、北京市的延庆县、怀柔区，在四合堂乡进入密云，流入密云水库。潮河上的主要支流有安达木河和小汤河两条。另外还有两条属于潮河水系的支流，其中一条是直接流入密云水库的虻牛河，另一条是流经兴隆县和密云县直接流入密云水库的清水河。白河上的主要支流有黑河、红河、汤河、天河、马营河五条。另外还有一条属于白河水系的支流白马关河是直接流入密云水库的（见图 5-1）。密云水库流域的范围涉及了河北省张家口市的沽源县、崇礼县、赤城县、宣化区和承德市的丰宁县、滦平县、承德县，北京市的延庆县、怀柔区和密云县。

由于自产水资源严重不足和水系发育的自然特征，北京市地表水源主要依靠河北省张承地区的外来客水，而张承地区经济发展水平落后，上游地区赤城、丰宁和滦平县都是国家级贫困县，是经济欠发达地区，很难拿出更多的资金用于水源保护。因此，中央政府主持，流域上下游京冀合作的生态补偿模式是解决北京市水资源问题和实现北京与上游流域协调发展的必然趋势和选择。

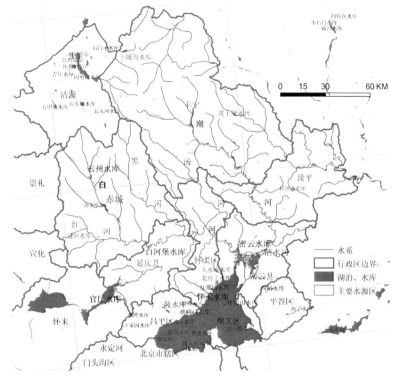

图 5-1 密云水库流域水系和主要水源区分布

目前，密云水库日取水量 $17×10^6 m^3$，约占北京市区供水量的一半以上，成为北京市重要的饮用水源地。密云水库来水量一直减少，1999 年以来已连续干旱 6 年，目前水量减少了近四成。为了保证密云水库的水质和水量，为北京市提供清洁饮用水，北京市与河北省协商，要求上游流域节省农业用水。具体措施有三个方面：一是稻改旱项目，在白河的赤城县和潮河的丰宁、滦平县，停止种植水稻，改种玉米，以减少地表水资源的应用；二是减少灌溉面积，几乎不再实行农业灌溉；三是对坡地进行退耕还林，增加森林覆盖率和涵养水源功能。同时，对于在这些措施中受到损失的农户给予一定的经济补偿。

由于水库控制流域面积的 2/3 在河北省承德、张家口辖区内，仅 1/3 在北京市行政区内，在河北境内总控制流域面积 11406.33km²（董文福，2006），白河上游流经赤城县全县，所占比例最高，达到 46.4%，第二是丰宁县，所占比例为 36.7%，其次是滦平县，占 12.4%，赤城县、丰宁县、滦平县在流域内的面积占密云水库上游地区的 95.5%（见图 5-2）。《21 世纪初期（2001—2005）首都水资源可持续利用规划》子规划十二中所涉及的密云水库上游地区水资源可持续利用规划项目都是投资在这三个县，京冀合作备忘录里的项目也都设置在这3个县。因此，我们对这3个重点县进行了实地考察、机构调查和农户调查。

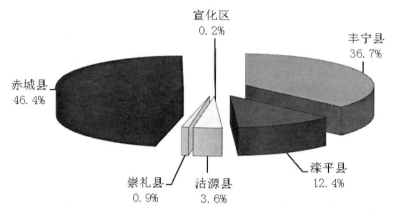

图5-2 密云水库上游各县在流域内面积比例

通过 GIS 空间叠加技术，以各县的行政边界和流域边界在 ArcGIS 下叠加切割所得范围为研究的自然范围。为了便于进行社会经济数据的收集和分析，确定了以乡（镇）为单位的社会经济范围，具体包括赤城县的全县、丰宁县的13个乡（镇）和滦平县的11个乡（镇）。赤城县的行政区域面积为5287km²，该县100%的面积都在流域范围内；丰宁县13个乡（镇）的行政区域面积为3844.2km²，该县在流域范围内的面积为4180.8km²，13个乡（镇）的行政区域面积占了该县在流域范围内面积的92%；滦平县11个乡（镇）的行政区域面积是1335.7km²，该县在流域范围内的面积是1409.5km²，11个乡（镇）的行政区域面积占了该县在流域范围内面积的95%。如果将赤城县全县、丰宁县13个乡（镇）、滦平县11个乡（镇）的行政面积相加，那这三个所涉及的乡（镇）的行政面积占这三个县在流域范围内自然地理面积的96.2%（董文福，2006）。社会经济范围和自然地理范围基本吻合，可用社会经济范围的统计数据进行经济概况分析（表5-1）。

表5-1 密云水库流域上游地区的研究范围

	赤城	丰宁	滦平
行政区划	全县18个乡镇	13个乡镇：土城镇、黄旗镇、大阁镇、黑山嘴镇、天桥镇、窟窿山乡、小坝子乡、五道营乡、南关乡、胡麻营乡、石人沟乡、汤河乡、杨木栅子乡	11个乡镇：虎什哈镇、巴克什营镇、平坊满族乡、安纯沟门满族乡、邓厂满族乡、五道营子满族乡、付家店满族乡、火斗山乡、两间房乡、涝洼乡

	赤城	丰宁	滦平
行政区域面积（km²）	5287	3844.2	1335.7
在流域内的面积（km²）	5287.1	4180.8	1409.5

注：各县在流域内的面积来源于中国科学院资源环境数据中心1：10万土地利用数据库和遥感所的密云水库流域30m×30mDEM（图5-3的范围），行政区域面积来源于各县的统计年鉴。

5.1 流域自然环境特征

5.1.1 地形地貌特征

密云水库流域西北高，东南低，河流的走向与山脉的走向相一致。境内西北部多以海拔1000~2293米的中山为主，著名的山峰有东猴顶山、海陀山、双层山等十多座。东南部多分布低山、丘陵和部分平原、河滩地，大部分平原、河滩地分布在河流的两侧。在流域内山地面积占总面积的2/3以上。以紫色为边界的研究区域处于西北、东北方向的高地势区，只有潮河流域的丰宁县东南和滦平县相对地势较低（见图5-3）。

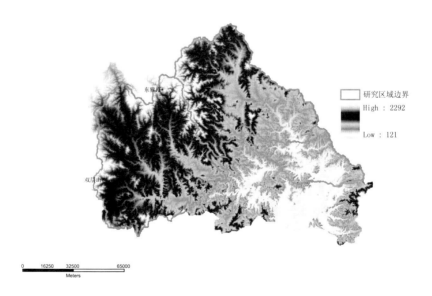

图5-3　密云水库流域及研究区域的地形示意图

5.1.2 气候特点

密云水库流域冬季因受蒙古高原控制，寒冷干燥少雪，春季干旱，夏季因受东南季风影响，温热多雨，秋季次之。密云水库流域区由于地形复杂，山峦起伏，沟谷纵横，因此形成了不同的气候类型。其特点：①南北温差大，昼夜温差大。平均温度由南向北递减，南部最暖，密云水库库北区年平均气温为 9～10℃，北部坝根最冷，年平均气温为 1～2.5℃。昼夜温差大于 12℃。春季日温差最大，秋季次之，夏季最小。②降雨量地区差别大，年际变化大，年内分布不均，春旱严重，夏雨多。通过全流域 58 个雨量站 1973—1990 年的降雨资料，利用 ArcGIS 空间插值方法得到全流域年均降水在 341～663mm 之间（图 5-4），降水量沿着河流由东北向西南逐渐增多。从密云水库上游研究区来看，黑河的源头降水明显多于其他河流的源头。赤城县降雨量较低，丰宁县东南部降雨量高于西北部，滦平县的降雨量最高。另外流域内 6～9 月降水约 396 毫米（此值为流域内 58 个雨量站 1973—1990 年的算术平均值），占全年降雨量的 81％。③光能资源较为丰富，多年平均日照时数为 2653～2826 小时，日照百分率为 60％～66％。太阳总辐射量为 133～142 千卡/厘米^2，全年光合潜力为 25200～25700 斤/亩。④气候的垂直分布明显，随海拔高度增加，气温和无霜期有规律地减少，海拔高度每升高 100 米，气温约降低 0.68℃。本流域区由于受气候的制约，加上雨热同期，绝大部分地区适合于种植一年一熟制作物（北京市环境保护局等，1988）。

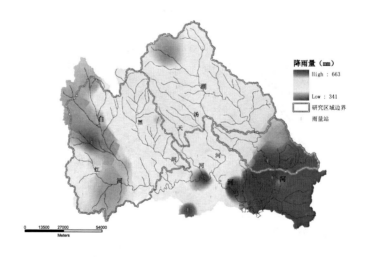

图 5-4 密云水库上游研究区降雨量多年平均值空间分布图

5.1.3 土地利用/土地覆被及其变化概况

利用中国科学院资源环境数据中心1990年和2000年1：10万土地利用数据库和ARCGIS 9.3，对密云水库水源区和下游北京市的土地利用获取密云水库上游研究区、密云水库上游研究区赤城县、丰宁县、滦平县1990年和2000年的土地利用图（图5-5，图5-6，图5-7，图5-8，图5-9，图5-10，图5-11，图5-12）。

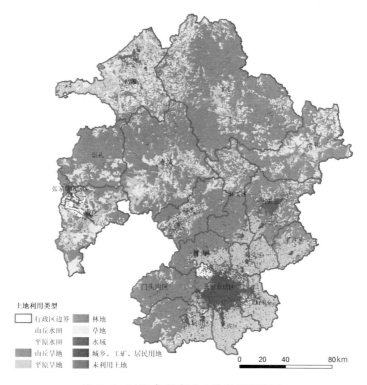

图5-5 2000年研究区土地利用变化图

利用GIS空间统计分析对上游主要水源区的土地利用进行统计分析，得到6类土地利用的比例及其变化情况（见表5-2）。可以看出，密云水库上游研究区总的土地利用格局是以林地、草地、耕地为主，三种土地利用类型在1990年和2000年分别占总土地面积的98.24％和98.72％。1990—2000年，耕地减少了4.31％，草地减少了12.54％，林地增加了17.33％。水域、建设用地和未利用土地在土地利用格局所占比例很小。1990—2000年，除建设用地略有增加之外，水域和未利用土地都在减少。

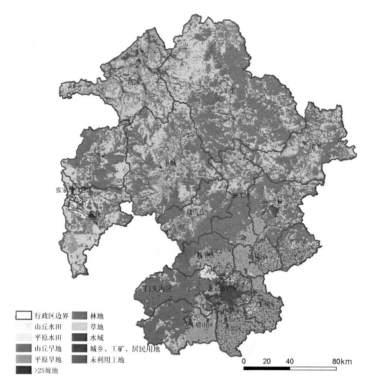

图 5-6　1990 年研究区土地利用变化图

表 5-2　密云水库上游研究区 1990—2000 年土地利用/土地覆被变化（％）

	耕地	林地	草地	水域	建设用地	未利用土地
1990 年	24.26	45.07	28.91	1.03	0.52	0.21
2000 年	19.95	62.40	16.37	0.35	0.77	0.17
变化率	-4.31	17.33	-12.54	-0.68	0.25	-0.04

　　密云水库上游研究区赤城县的土地利用格局也是林地、草地和耕地为主，三种土地利用类型在 1990 年和 2000 年分别占总土地利用面积的 98.03％和 99.08％。1990—2000 年，林地和耕地在密云水库上游研究区增减幅度最大，分别为 23.30％和 8.92％，同时草地也减少了 13.33％。其余三种土地利用类型所占比例到 2000 年都不足 1％，1990—2000 年，水域、建设用地和未利用土地都是减少的（表 5-3、图 5-7 和图 5-8）。

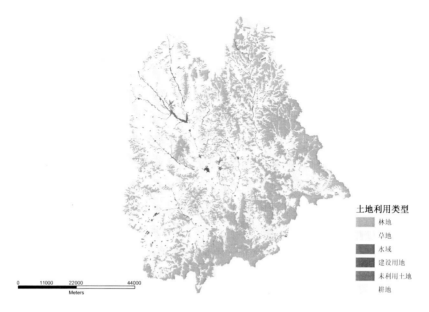

土地利用类型
- 林地
- 草地
- 水域
- 建设用地
- 未利用土地
- 耕地

图5-7 赤城县1990年土地利用❶

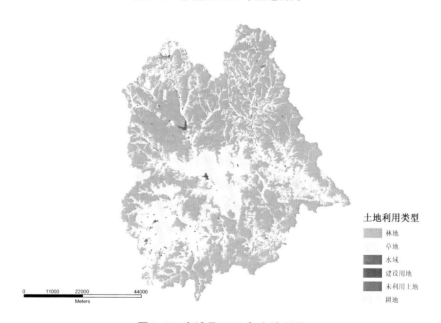

土地利用类型
- 林地
- 草地
- 水域
- 建设用地
- 未利用土地
- 耕地

图5-8 赤城县2000年土地利用

❶ 图5-7～图5-12来自董文福. 密云水库上游"退稻还旱"节水量及其对农民的影响研究［D］. 中国科学院研究生院，2006-06-27.

表5-3 密云水库上游研究区赤城县1990—2000年土地利用/土地覆被变化（％）

	耕地	林地	草地	水域	建设用地	未利用土地
1990年	29.32	36.46	32.25	1.14	0.59	0.24
2000年	20.40	59.76	18.92	0.33	0.49	0.09
变化率	-8.92	23.30	-13.33	-0.81	-0.10	-0.14

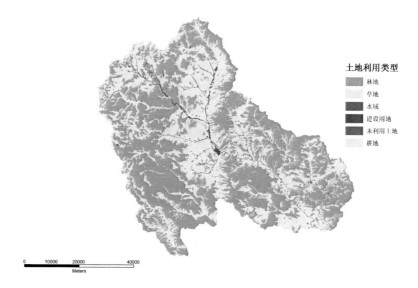

图5-9 丰宁县1990年土地利用

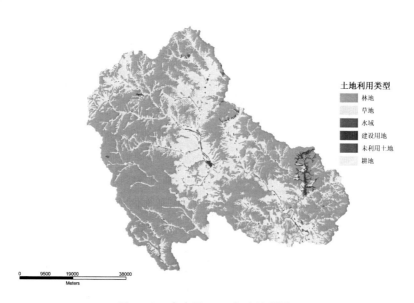

图5-10 丰宁县2000年土地利用

表5-4　密云水库上游丰宁县1990—2000年土地利用/土地覆被变化（％）

	耕地	林地	草地	水域	建设用地	未利用土地
1990年	20.43	55.21	22.54	1.14	0.47	0.21
2000年	21.11	63.81	13.16	0.42	1.22	0.28
变化率	0.67	8.61	-9.38	-0.72	0.75	0.07

　　密云水库上游研究区丰宁县的土地利用格局也是以林地、草地和耕地为主，三种土地利用类型在1990年和2000年分别占总土地利用面积的98.18％和98.08％。丰宁县是密云水库上游研究区唯一从1990—2000年耕地面积增加的地区，林地和草地的增减幅度在三个行政县中是最小的，分别为8.61％和9.38％。另外，1990—2000年，水域面积减少而建设用地和未利用土地是增加的（表5-4、图5-9和图5-10）。

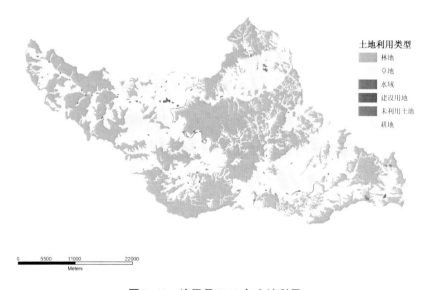

土地利用类型
- 林地
- 草地
- 水域
- 建设用地
- 未利用土地
- 耕地

0　　5500　　11000　　　　22000
Meters

图5-11　滦平县1990年土地利用

　　密云水库上游滦平县的土地利用格局是以林地、耕地、草地为主，三种土地利用类型在1990年和2000年占总土地利用面积的99.21％和99.25％。在三个行政县中，滦平县是这三种土地利用类型所占比例最大的地区。从1990年到2000年耕地和草地分别减少了1.80％和18.97％，林地增加了20.81％，其中草地减少的幅度在三个行政县中最大。水域、建设用地和未利用土地三种类型在1990年和2000年都占总土地利用面积不到1％（表5-5、图5-11和图5-12）。

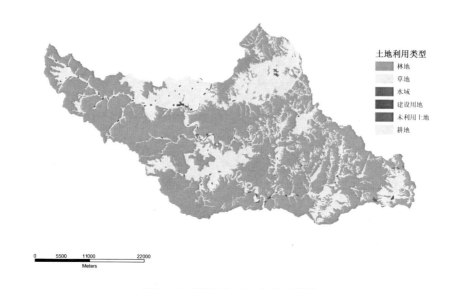

图5-12 滦平县2000年土地利用

表5-5 密云水库上游滦平县1990—2000年土地利用/土地覆被变化（％）

	耕地	林地	草地	水域	建设用地	未利用土地
1990年	16.62	47.29	35.30	0.27	0.40	0.12
2000年	14.81	68.11	16.33	0.18	0.44	0.13
变化率	-1.80	20.81	-18.97	-0.09	0.04	0.01

5.2 案例区社会经济发展状况

　　密云水库和官厅水库流域是传统的农业区，农业是主要的产业，下游北京市经济发展水平远高于上游地区。2007年地处上游河北地区的赤城、丰宁、滦平三县的农民人均纯收入分别为2030元、2768元、2856元，而同属于潮白河密云水库上游的北京市怀柔区、密云县、延庆县的农民家庭平均每人年纯收入分别为8805元、8489元、8311元（河北省统计年鉴，2008），直接受益者2007年北京市城镇居民人均年可支配收入21989元，农村居民人均纯收入达到9559元，分别为上游的7倍和3倍多。从产业结构看，上游地区农业所占比重仍然很大，赤城县农业产值仍占国民生产总值的30％（表5-6）。滦平县工业所占比重最大，达到62％，但是我们对其工业结构进行分析发现，主要工业产品90％以上都是铁矿及其相关的矿业。这些产业都是高耗水、高污染企业，与流域水源区保护的目标相悖（表5-7）。

表5-6　2007年流域上下游主要区县经济发展水平差异

	第一产业（%）	第二产业（%）	第三产业（%）	人均GDP（元）	农民人均纯收入（元）	城镇居民人均可支配收入（元）
怀柔区	5	60	35	37025	8805	18628
密云县	14	43	44	21149	8489	17962
延庆县	13	25	62	59245	8311	17955
怀来县	14	36	50	15361	4511	9448
赤城县	30	38	32	9035	2030	8373
滦平县	13	62	24	17544	2856	9647
丰宁县	24	47	29	12125	2768	8029

表5-7　滦平全县工业主要产品产量

产品名称	计量单位	产量	产品名称	计量单位	产量
铁矿石合计	吨	15242691	黄金	吨	328.69
其中：磁铁矿	吨	14499315	白银	吨	12516
铁精粉	吨	5003917	铅精矿含铅量	吨	640
球团	吨	198215	锌精矿含锌量	吨	1428
原煤	吨	0	铜精矿含铜量	吨	428
水泥	吨	60850	石墨	吨	1903
砖	万块	5562	罐头食品	吨	346
瓦	万片	0	发电量	万度	748.3
白酒（折65度）	千升	26	中成药	吨	29

5.3 北京市水资源供需和密云、官厅水库水质水量变化

5.3.1 北京市水资源用水结构和供需分析

北京市水资源主要来源于5大水系：蓟运河、潮白河、北运河、永定河、大清河，其中密云水库上游潮白河流域年降水量最高，流域面积最大，是北京市主

要的地表水来源（表5-8）。

表5-8 2009年北京市流域分区水资源总量表（单位：亿m³）

流域分区	面积（km²）	年降水量	地表水资源量	地下水资源量	水资源总量
蓟运河	1300	7.21	0.43	2.77	3.20
潮白河	5510	24.98	2.12	2.70	4.82
北运河	4250	19.93	3.24	4.57	7.81
永定河	3210	11.99	0.69	2.28	2.97
大清河	2140	9.41	0.28	2.76	3.04
全市	16410	73.52	6.76	15.08	21.84

资源来源：北京市水资源公报。

供水量指各种水源工程为用户提供的包括输水损失在内的毛供水量。2002年以来，北京市多年平均供水量（用水量）在35亿左右。2009年全市总供水量为35.5亿m³，比2008年增加0.4亿m³。水资源供水结构以地下水为主，2009年地下水供水量为21.8亿m³，占总供水量的62%；地表水为4.6亿m³，占总供水量的13%；南水北调水2.6亿m³，占总供水量的7%；再生水6.5亿m³，占总供水量的18%（北京水资源公报，2009）。

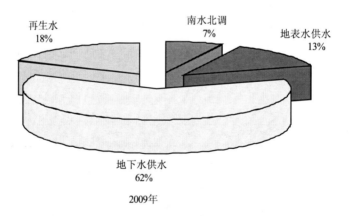

图5-13 北京市供水结构现状

2009年全市总用水中生活用水最多，达到14.7亿m³，占总用水量的41%；其次是农业用水12.0亿m³，占34%。；工业用水5.2亿m³，占15%；环境用水3.6亿m³，占10%（见图5-14）。

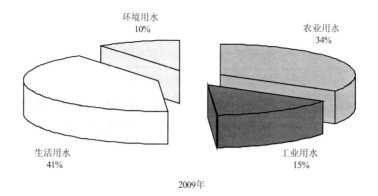

环境用水
10%

农业用水
34%

生活用水
41%

工业用水
15%

2009年

图 5-14   2009 年北京市用水结构现状

从多年用水量看，全市提高水资源利用效率，用水总量呈下降趋势，由 2000 年的 40 亿 m³ 下降到 2002 年以后 35 亿 m³ 左右。从用水结构看，多年工业、农业用水量呈现下降趋势，生活和环境用水呈现上升态势（见图 5-15）。

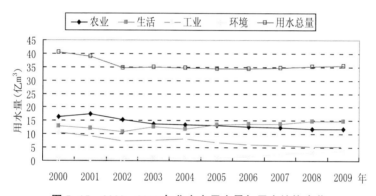

图 5-15   2000—2009 年北京市用水量与用水结构变化

北京市用水主要以地下水为主，由于地表水资源匮乏和严重超采，使地下水位逐年下降，漏斗区扩大，加大了地面下陷的风险。2009 年 6 月末地下水平均埋深达到 24.38m，是自 1978 年有观测资料以来的最大值。2009 年年末地下水平均埋深为 24.07m，与 2008 年年末比较，地下水位下降 1.15m，地下水储量减少 5.9 亿 m³；与 1980 年年末比较，地下水位下降 16.83m，储量减少 86.2 亿 m³；与 1960 年年比较，地下水位下降 20.88m，储量减少 106.9 亿 m³。全市多年平原区地下水逐月埋深逐年增加（见图 5-16）。

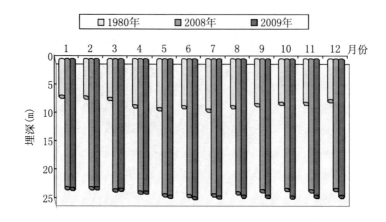

图5-16 北京市多年平原区地下水逐月埋深比较图

由上述分析可见，北京市以地下水为主的水资源利用方式导致地下水埋深的快速增长，将会带来地表环境恶化和地面塌陷等危险，具有不可持续性。北京市用水量已由40亿 m³ 减少到35亿 m³ 左右，并且多年保持平衡，节水的空间也不大了。对上游提供更多优质地表水源的需求很大，而上游河北省也是水资源紧缺的地区，只有转变农业种植结构、实施稻改旱，减少农业灌溉用水，同时，保护上游水源林，加强森林的水源涵养功能，才能实现地表水源的增加，而农业种植结构的转变和农业灌溉的减少，必将对上游生态脆弱、经济贫困地区的经济发展产生影响，对上游地区实施经济生态补偿、产业优惠和扶持、区域合作发展，使上游地区构建节水型生态经济生产体系，成为首都北京的绿色农业和食物基地，才能实现整个区域的生态经济协调发展。

5.3.2 密云、官厅水库跨流域调水和水质水量的变化

2009年北京市供水结构中地表水占13％，2009年全市18座大中型水库可利用来水量为3.49亿 m³，比2008年7.55亿 m³少4.06亿 m³。而密云水库可利用来水量为1.77亿 m³（包括收白河堡水库补水0.68亿 m³），年末蓄水总量为13.54亿 m³，比2008年14.86亿 m³少1.32亿 m³。

官厅水库2009年可利用来水量为0.22亿 m³，比2008年0.80亿 m³少73％，比多年平均9.41亿 m³少98％。密云水库可利用来水量为1.77亿 m³（包括收白河堡水库补水0.68亿 m³），比2008年4.68亿 m³少62％，比多年平均9.91亿 m³少82％。两大水库可利用来水量1.99亿 m³，比2008年5.48亿 m³少64％。

2009 年官厅水库年末蓄水量为 1.19 亿 m^3，比 2008 年末 1.63 亿 m^3 少 0.44 亿 m^3；密云水库为 10.39 亿 m^3，比 2008 年末 11.30 亿 m^3 少 0.91 亿 m^3；两库年末共蓄水 11.58 亿 m^3，比 2008 年末 12.93 亿 m^3 少 1.35 亿 m^3。

从潮河和白河流入密云水库的两个主要水文站：下会和张家坟站 1991—2005 年出境径流量可以看出，最大的径流量发生在 1973—1974 年，达到 19.93 亿 m^3，1999 年以来出现连续干旱，径流量降到 1 亿～4 亿 m^3，最小值在 2002 年，仅有 0.8 亿 m^3（见图 5-17）。

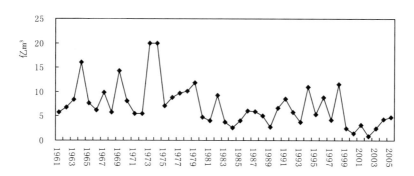

图 5-17 密云水库上游出境水量年际变化

上游多年平均出境水量年内变化很大，主要集中在 7～9 月，张家坟、下会水文站 7～9 月份出境水量分别占全年的 58.73％和 65.77％（见图 5-18），这也不利于水资源的高效利用。

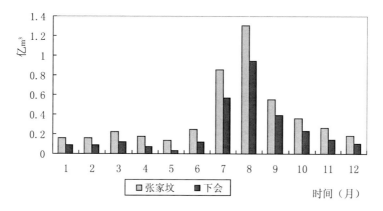

图 5-18 密云水库上游出境水量年内变化

除了自然径流外，为了保证北京市用水，上游通过农业产业结构转换（例如稻改旱项目）、节水措施把节约的水资源输送给北京的密云水库和官厅水库。2003 年以来每年都存在跨流域调水情况，即由上游张家口市赤城县云州水库调水到白河堡水库和密云水库，山西省桑干河册田水库、壶流河水库、洋河友谊水库多库联动向官厅水库调水。云州水库至白河堡水库输水线路为：沿白河经河北省赤城县至北京市延庆县白河堡水库，输水线路长约 75 公里（海河流域水资源公报，2005）。2004 年从云州水库调水 1030 万 m³；2005 年调水 2204 万 m³。2006—2008 年断面下泄总水量分别为 1720 万 m³、1700 万 m³、1500 万 m³。

同时，海河流域水资源保护局每月对海河流域省界水体水环境质量状况、重点水功能区水质状况、重点水源地水质监测进行通报，可以看出 2009 年京冀 7 个重点水功能区中，3 个 Ⅱ 类水质，1 个 Ⅲ 类水质，3 个 Ⅳ 和劣 Ⅴ 类水质，不达标水质占 42.86％。从断面的流向看，密云水库上游潮白河流域河北省与北京市跨界实测的 3 个断面，只有潮河流域河北流向北京的古北口断面水质达到 2 类标准，而白河流域河北流向北京的重要断面下堡监测站 2009 年全年平均水质Ⅳ，潮白河下游北京流向河北的赶水坝监测站水质是劣 Ⅴ 类（见表 5–9）。

表 5–9　密云水库流域重点水功能区和跨省界水质状况

河流（湖库）名称	水功能区	监测断面	水质目标	全年水质	主要超标项目	汛期水质	主要超标项目	非汛期水质	主要超标项目	行政区
密云水库	密云水库水源地保护区	密云水库	Ⅱ	Ⅱ		Ⅱ		Ⅱ		京
潮河	潮河承德保留区	戴营	Ⅱ	Ⅲ	挥发酚	Ⅲ	高锰酸盐指数	Ⅲ	挥发酚	冀
潮河	潮河冀京缓冲区	古北口	Ⅱ	Ⅱ		Ⅱ		Ⅱ		冀→京
白河	白河河北保护区	云州水库	Ⅱ	Ⅱ		Ⅱ		Ⅱ		冀
白河	白河冀京缓冲区	下堡	Ⅱ	Ⅳ	总贡	Ⅳ	高锰酸盐指数、总贡	Ⅳ	总贡	冀→京
潮白河	潮白河北京饮用水源区	向阳闸	Ⅲ	Ⅳ	高锰酸盐指数、五日生化需氧量	Ⅴ	高锰酸盐指数、五日生化需氧量	Ⅳ	高锰酸盐指数	京

河流（湖库）名称	水功能区	监测断面	水质目标	全年水质	主要超标项目	汛期水质	主要超标项目	非汛期水质	主要超标项目	行政区
潮白河	潮白河京冀缓冲区	赶水坝	IV	>V	氨氮	>V	氨氮	>V	氨氮	京→冀

数据来源：海河流域水资源保护局2009年水质监测。

进一步对3个跨界断面多年水质变化情况进行分析，可以发现上游白河流域河北-北京断面下堡监测站水质在最近两年已经出现了恶化趋势，而北京-河北的赶水坝连续多年都是劣 V 类水质（见图5-19）。

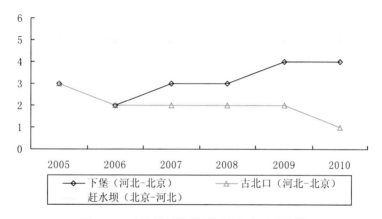

图5-19　上游流域跨界断面多年水质变化情况

因此，如果考虑到水质因素，除了北京市需要向河北省提供补偿和合作共建外，河北省部分河段出境水质恶化，也需要对河流水质污染造成的经济损失进行赔偿，北京市同时也需要对潮白河北京流向河北的污染进行赔偿。

北京市对水源区的生态补偿模式与现状

6.1 主要地表水源地保护与发展的冲突

北京市主要地表水源区水资源紧张，上下游河北和北京水资源利用与保护的冲突严重，主要表现在以下几点：

（1）水资源匮乏和上下游用水矛盾冲突，地表水源入库径流量减少。京冀地区位于海河水系，均属于非常干旱的华北地区，北京上游的张家口和承德市多年平均降水量不到500毫米，人均水资源占有量只有全国平均水平的30％，也属于水资源短缺地区。按照国际公认的水资源压力定量评价指标，北京市水资源人口压力系数为0.67，水资源紧缺主要是由人口高度集中引发的。而与北京接壤的天津市水资源人口压力系数为0.85，水资源生态压力系数为0.14；保定市水资源人口压力系数为0.602，生态压力系数为0.668；张家口市水资源人口压力系数为0.502，水资源生态压力系数为0.597；廊坊市水资源人口压力系数为0.712；承德市水资源生态压力系数为0.3。除承德市外，北京周边地区所面临的水资源紧缺形势都比北京严峻。上游人口的增长和城市发展导致上游用水迅速增长，图6-1和图6-2显示密云水库上游主要集水区3县的人口和城市化水平增长迅速，工业和城市生活用水增加。

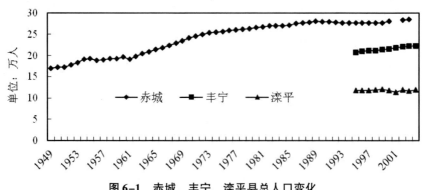

图6-1　赤城、丰宁、滦平县总人口变化

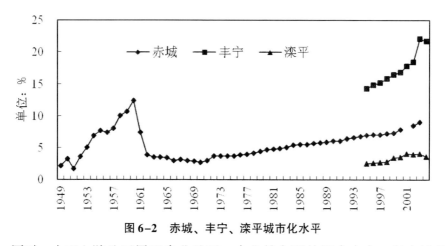

图6-2 赤城、丰宁、滦平城市化水平

同时，由于上游地区属于农业地区，农业是主要的用水大户，以赤城县为例，工业、农业、生活用水和总用水量除了1992年以前都是持续增加的状态，1994年达到最低后又持续增加，直到2005年合作共建全面展开后开始下降，而生活用水和工业用水的增加导致1995年以来总用水量仍然增加（见图6-3）。

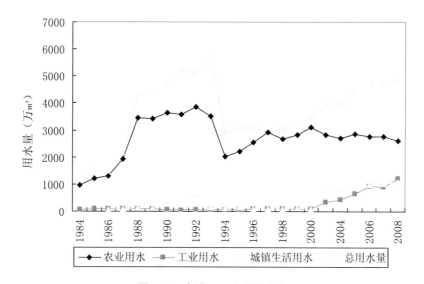

图6-3 赤城县用水量的变化

密云、官厅水库入库径流量减少。利用白河张家坟水文站和潮河下会水文站径流量数据相加得到入库径流量，可以看出密云水库入库径流量逐年减少（见图6-4）。对上述数据，10年平均得到密云水库1961—1970年平均径流量为8.90亿 m³，1971—1980年为10.31亿 m³，1981—1990年为5.02亿 m³，1991—2001年为6.02亿 m³，2002—2005年密云水库多年平均来水量下降到3.1亿 m³。

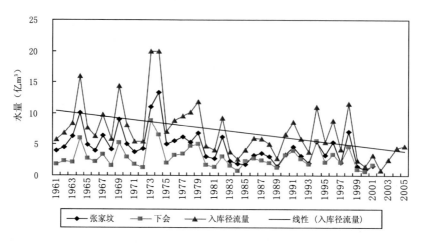

图6-4 密云水库水文站和入库径流量及其变化趋势

1954—1959 年，官厅水库年平均入库水量 20.2 亿 m³，1960—1969 年 13.4 亿 m³，1970—1979 年 8.4 亿 m³，1980—1989 年 4.6 亿 m³，1990—1997 年平均入库经流仅有 3.9 亿 m³。1999 年以来，北京及周边地区持续干旱，地表径流减少趋势明显。1999—2005 年官厅水库多年平均来水量下降到 0.9 亿 m³。密云、官厅水库蓄水量分别由 2001 年初的 15.4 亿 m³ 和 4.2 亿 m³ 下降到 2005 年年末的 10.36 亿 m³ 和 1.63 亿 m³。

基于上述分析可以看出，目前形势下，北京及周边地区的水资源紧缺形势将越来越严峻，如果不加以改善将导致水资源危机的发生。

（2）水资源短缺与水资源污染的矛盾。由于密云水库上游产业结构以酿造、铁矿采选等高耗水、高污染企业为主，小金矿、小铁矿以及木材、石材加工等小型企业排污和水土流失造成的面源污染造成下游水质类别下降，铁矿开采和采砂的废弃物抛弃于河道周围，已造成河道淤积、水体水质恶化，使密云入库水量减少。受上游地区人口增加和工业发展的影响，废水排放量大幅度增加。1995 年以后，潮河戴营断面铁离子浓度常年超过 V 类标准。上游地区的水土流失本来就十分严重，铁矿采选和农民打柴烧草又进一步破坏植被，加剧水土流失。

官厅水库不仅入库水量减少，水质也加速恶化。库区水质由 II、III 类逐步演变成 V 类和劣 V 类，1997 年官厅水库退出生活用水供应，仅向农业、生态和工业的供水。官厅水库污染源主要来自张家口市宣化、下花园两区，每年有 1 亿吨的工业和生活废污水未经处理直接排入洋河，非汛期洋河流入官厅水库的水体几乎全是污水，致使宣化以下河水基本为超 V 类。由于入库水量减少，污水在来水中所占的比重越来越大，近几年库区水体中总氮、总磷一直维持在较高水平，已达富营养化状态。1997 年后官厅水库已不能作为生活饮用水源，仅用于工业、农业灌溉和城市河湖补水。水库上游山区水土流失也十分严重，水土流失面积达 183.11 万 ha（公顷）。水土流失不仅造成耕地减少，肥力下降，生态失衡、环境恶化，而且加剧了官厅水库的淤积。

（3）水管理体制不顺，使得有限的水资源不能充分有效地利用和保护。目前北京市的水管理体制表现为条块分割、相互制约、职责交叉、权属不清，水源地不管供水，供水的不管排水，排水的不管治污，治污的不管回用。由于水管理权不统一，使得各管水部门依据自身的管理职能开展工作，没有形成协调统一的水资源管理体制。全市水资源保护、开发、利用缺乏统一的规划，无法实现统一管理及联合和优化调度，也无法实现水资源的合理开发和集约利用。生态建设和环境保护污染监控及治理体系不完善。生活污水、工业污水防治力度不够，还有待于由分散治理向集中治理转变，最终实现水环境质量的根本转变。

国家和地方尚没有全面出台生态补偿长效机制的相关政策、法规和规定。虽然国家和北京市对上游有一些投资，但没有提出全面彻底解决上游生态退化和环境污染问题的切实可行的、综合性的措施。没有生态补偿和流域共建共享的具体的规定和措施，没有多补偿标准、补偿主体和受益主体的责任、权利和义务约定，政策体制上多层次、多元化治理局面尚未消除，财政补偿制度不完善，补偿标准偏低，中间环节过多，导致交易成本过高，资金的利用效率不高，效果较差（苏瑞红，张军海，2007）。

6.2 北京市地表水源地生态补偿现状

6.2.1 京冀生态补偿的历史阶段

由于北京市水资源供应严峻和跨流域供水，1995 年以来，在京冀地区之间开展了多层次、多形式的水资源利用合作和生态补偿项目，包括农业节水、水污染治理、小流域治理、生态水源林、稻改旱等。京冀之间水资源利用合作和补偿大致可以分为三个阶段：1995—2002 年为初期合作阶段。1995 年开始合作，时任副市长张百发为小组组长，成立了京承经济技术合作协调小组及水资源保护合作小组等七个专业合作小组，建立对口支援关系，1995—2002 年给上游承德地区每年提供 208 万元用于水资源保护和建设，其中丰宁 108 万元，滦平 100 万元。2000 年北京市和河北省共同编制了《21 世纪初期（2001—2005 年）首都水资源可持续利用规划》，为京冀地区水资源利用和密云、官厅水库流域共建共享和生态补偿的起点。这一阶段的合作主要是政府之间的，是间断性的，没有正规的、制度化的约定和国家政策的指导。

2003—2005年为发展合作阶段。2003年以后的多具有科学化和政策的指导，以水资源保护和生态治理为重点，体现政府调控和市场调节，2005年10月北京市与河北省的张家口市、承德市分别成立了水资源环境治理合作协调小组，制定了《北京市与周边地区水资源环境治理合作资金管理办法》，资金管理办法实施期限为5年，2005—2009年，北京市每年安排2000万元资金，用于支持张承地区水资源保护项目。

2006年以来为全面合作阶段。2006年10月，北京市与河北省在京举行经济与社会发展合作座谈会，并签署了《加强经济与社会发展合作备忘录》，合作内容包括交通基础设施建设、水资源和生态环境保护、能源开发、产业调整、产业园区、农业、旅游、劳务市场、卫生事业等九个方面，包括实施稻改旱项目。备忘录为解决京冀间流域生态补偿开辟了途径，也为建立省际间流域生态补偿机制奠定了基础。

2008年4月，北京市政府签署了《北京市关于进一步加强与周边地区合作促进区域协调发展的意见》，全面加强对周边地区的合作和带动，提出建立支持周边地区发展的财政支持增长机制，由市财政安排资金，重点用于本市企业与周边地区的产业合作项目贷款贴息和对周边地区的技术支持（含提供籽种、种禽、种畜）、劳务技能培训、旅游景点宣传推介等具有带动作用的领域。2007年安排财政资金1000万元，并以此为基数，在"十一五"后三年（2008—2010年），按照市人代会批准的全市财政收入增长幅度（15％）递增。

2008年12月，由中共中央政治局委员、北京市委书记刘淇，北京市委副书记、市长郭金龙，河北省委书记、省长等出席，就关于进一步深化经济社会发展合作进行了会谈，就2006年合作备忘录中的10个方面的内容进行落实和深化，在深化水资源和生态环境保护合作方面，提出了合作开展以下主要方面：生态水源保护林工程建设和实施森林保护合作项目，2009—2011年，北京市安排资金1亿元，支持河北省丰宁、滦平、赤城、怀来4县营造生态水源保护林20万亩。2009—2011年，北京市安排资金3500万元，支持河北省丰宁、怀来等9县进行森林防火基础设施建设和设备配置；北京市安排资金1500万元，支持河北省三河、涿州、玉田等12市县区进行林业有害生物防治设施建设和设备购置。关于合作实施"稻改旱"工程，将2006—2008年实施的10.3万亩"稻改旱"工程延续至 2009 年。继续开展水资源环境治理合作，在完成 2005—2008 年水资源环境治理合作项目的基础上，北京市每年继续安排水资源环境治理合作资金 2000 万元至 2011 年，支持密云、官厅两库上游张家口、承德两市治理水环境污染、发展节水产业。开展两库上游矿山生态恢复工作和开展区域空气质量管理合作等 6 个方面。

2009 年为了对欠发达地区的扶持，7 个政治局常委都要联系一个欠发达县进行对口帮扶，周永康委员联系了官厅水库所在地张家口市怀来县，视察了官厅水库移民区，加强对水库移民的扶助，开展了移民村建设、肉鸡养殖和修路 3 个项目，耗资 1.1 亿元，以带动当地经济发展，作为对农户水库移民损失的补偿。

本阶段京冀合作已经由最初的间断性的、非制度化的扶助转化为科学规划、严格论证的制度化的补偿，合作的范围也发展到资源环境、经济、文化合作共建和产业带动、政策引导等多个方面，由"输血型"向"造血型"补偿转变。

6.2.2 北京水源区生态补偿现状特点与存在问题

近 1995 年以来，为补偿河北省相关地区因生态建设和保护水源以致发展受限的损失，国家加大了对官厅、密云水库上游地区生态建设、水源保护的投入力度，采取多种方式支持官厅、密云水库上游地区经济发展、生态环境恢复和水污染治理。北京市政府也通过财政转移支付，开展省际间的合作，给上游张承两市水资源和水环境保护补偿，增强其生态保护和发展能力。目前，对官厅、密云水库上游地区的生态补偿方式以在国家财政转移支付支持下省际间的合作共建为主。

国家对官厅、密云水库上游的补偿主要是通过财政转移支付的方式，以各种大型项目为载体开展生态补偿合作共建，重大项目包括：《21 世纪初期（2001—2005 年）首都水资源可持续利用规划》、《海河流域水污染防治规划》、《京津风沙源治理工程规划》等。虽然未明确以生态补偿的名义进行，但实际上产生了生态补偿的作用。

1. 21 世纪初期（2001—2005 年）首都水资源可持续利用规划

2001 年 5 月，国务院批准实施《21 世纪初期（2001—2005 年）首都水资源可持续利用规划》（以下简称《首水规划》），该规划是国家对京津上游地区进行流域生态补偿的有益探索。《首水规划》确定，在山西省的大同市和朔州市，河北省的张家口市和承德市，北京官厅和密云水库上游的部分县区，实施节约用水、水土保持和水污染防治等工程，旨在通过加快上游地区水资源保护和水污染治理，实现到

2005 年官厅水库水质力争达到Ⅱ类标准，水库来水量（河北省出境水量）正常年份（P＝50％）达到 3.0 亿 m³，特枯年份（P＝95％）不少于 0.6 亿 m³；密云水库水质保持Ⅱ类，水库来水量（河北省出境水量）正常年份（P＝50％）达到 6 亿 m³，特枯水年份（P＝95％）不少于 3.0 亿 m³。规划总投资 221.48 亿元，除北京市的工程措施投资自筹 93.4％外，河北省工程措施总投资 39.84 亿元，山西省工程措施总投资 27.63 亿元，均由中央财政转移支付解决。在海委编制的《规划实施方案》中共安排项目 416 项，总投资 219.29 亿元，其中中央投资 79.77 亿元，到 2008 年 4 月已完成 204 个项目，中央已下达投资 40.62 亿元。

《首水规划》实施 8 年来，国家共下达河北省 93 个项目的投资计划，占项目总数的 50％，累计下达投资 20.55 亿元，占规划总投资的 51.5％。已建成节水灌溉面积 96.4 万亩，治理水土流失面积 2247 平方公里，河道、堤岸综合整治 123 公里。张家口主城区、宣化区和怀来县 3 个污水处理厂已建成投入运行，39 家重污染企业得到治理。

从实际效果看，以中央财政转移支付开展生态补偿，使官厅水库和密云水库上游区的生态环境得到一定改善，官厅水库到 2007 年 8 月恢复了饮用水源地功能。但由于受气候持续干旱和部分项目安排不尽合理的影响，《首水规划》确定的 2005 年目标没有如期实现，根据中期评估专家的意见，非水利项目和水土保持项目不再予以实施，规划延长至 2010 年，并调整了水量和水质控制目标。2006 年，海委编制的《规划调整方案》提出，遇连续偏枯系列年时密云水库上游省界控制断面的下泄水量指标为：平水年入库水量不少于 4.5 亿 m³，一般枯水年不少于 3.0 亿 m³，特殊枯水年不少于 2.0 亿 m³。官厅水库水质目标由原《首水规划》提出的力争达到Ⅱ类，调整为 2010 年达到Ⅲ类；密云水库水质目标仍为Ⅱ类（宋建军，2009）。

2. 京津风沙源治理工程规划

2002 年 3 月，国务院批准实施《京津风沙源治理工程规划（2001—2010）》。工程范围涉及内蒙古、河北、山西及北京和天津的 75 个县（旗、市、区），总面积 45.8 万平方公里；工程建设总投资 577.03 亿元，其中固定资产投资 301.04 亿元，财政补助资金 275.99 亿元。工程建设内容包括林业建设、草地治理、水利配套设施建设和小流域综合治理等四个方面。工程本着因地制宜，因害设防，宜林则林、宜灌则灌、宜草则草的原则，采取生物、工程和管理措施相结合，以实现区域生态环境的良性循环。

自 2000 年以来，国家共安排中央固定资产投资 141.6 亿元，用于京津风沙源治理工程建设。其中国家共下达河北省水利项目投资 9.42 亿元，小流域治理 3653 平方公里，水源工程 7701 处，节水灌溉 1.34 万处；已累计完成水土流失治理 3350 平方公里，水源工程 6306 处，节水灌溉工程 12501 处，工程实施进展顺利（宋建军，2009）。

3. 海河流域水污染防治规划

自 1996 年以来，国家先后批准实施《海河流域水污染防治规划》、《海河流域水污染防治"十五"计划》和《海河流域水污染防治规划》（2006—2010 年）。国家连续 10 多年投入资金在海河流域开展水污染治理、城市污水处理及再利用和重点区域污染防治等，张、承地区也相应得到了国家的支持。

退耕还林、退牧还草、中央森林生态效益补偿等全国范围内生态补偿项目的展开，也是京冀流域生态补偿的重要部分。

6.2.3 北京水源区生态补偿模式

生态系统服务功能可以分为供给服务（提供淡水、农林牧渔产品、木材和碳储存等产品）、调节服务（水调节、水土保持、水源涵养、废物净化等）、支持服务（栖息地、生物多样性保持）以及休闲、文化、美学服务等。京张、京承合作生态补偿包括直接补偿、项目补偿、产业发展带动和政策激励等多个方面。在对北京市水源区生态补偿类型分析的基础上得出生态补偿模式。

表 6-1　北京水源区生态补偿现状模式

环境服务类型	行动措施	解决的环境服务问题	服务提供者	服务受益者	补偿方式
增加水量供给，提供优质水产品	实施"稻改旱"项目	减少上游农业用水量、减少化肥和农药流入水系，保持潮白河水质和水量	上游农户、密云水库周边居民	下游北京市民及其政府和中央政府	现金直接补偿，2006 年开始试点，每亩 450 元，2008 年开始增加到每亩 550 元
净化废弃物，改善水环境	1. 共同组建京张、京承水资源环境治理合作协调小组，支持资金 2000 万元/年 2. 库区生活及畜牧垃圾收集和无害化处理、清洁能源项目等	生活、工业垃圾处理，减少上游水资源利用和水环境的污染	上游农户	上游和下游共同收益	项目补偿：第一批 7 个项目（2200 万元），已完成，第二批项目（5800 万元）项目已经开始

环境服务类型	行动措施	解决的环境服务问题	服务提供者	服务受益者	补偿方式
水土保持、水源涵养	水源保护林工程建设、生态公益林、退耕还林还草、禁牧等	增加森林覆盖度、减少水土流失	上游农户和林地拥有者	下游北京市和中央政府	项目补偿:生态公益林和退耕还林、京津风沙源,水源林保护工程2009年开始实施
提供优美景观、文化和休闲娱乐功能	流域水质净化、河道治理、库区管理等	防止污染、保持河流优美景观	全流域、密云水库周边居民	全流域	小流域治理项目、上述所有项目
生物多样性保护	上述所有行动	保持全流域生物多样性	全流域	全国、全球	上述所有项目

依据生态系统服务功能对流域水源地主要生态系统服务进行分析,把其划分为5个方面(见表6-1),可见北京市对水源地补偿主要以项目为主导,对损失农户或利益相关者直接补偿较少。因此,受益者和服务者链接不密切,项目资金使用效果和有效性较差,密云、官厅水库来水量也持续减少。

北京市同张、承地区实施流域生态补偿的主要项目如下。

1. "稻改旱"项目

根据2006年京冀《关于加强经济与社会发展合作备忘录》,实施潮白河流域水稻改种玉米等低耗水作物的"稻改旱"项目。2006年,在张家口市赤城县黑河流域进行"稻改旱"试点1.74万亩,北京按照每年每亩450元标准补偿农民收益损失,共计支付补偿资金783万元。2007年开始在赤城的白河流域、丰宁和滦平的潮河流域全面实施稻改旱项目,其中赤城3.2万亩,潮河流域7.1万亩,包括丰宁35954.4亩,35045.6亩。2008年开始增加补偿标准到550元/亩·年。

2. 小流域治理

1996—2004年,北京市每年向承德市的丰宁、滦平两县各提供资金100万元,1997年向张家口市赤城县提供资金50万元,用于局部小流域综合治理工程。

3. 水资源节约和水环境治理项目

2005年10月，北京与张、承两市分别组建了京张、京承水资源环境治理合作协调小组，确定北京连续5年每年支持资金2000万元，用于张承地区相关区（县）水资源环境治理项目。2006年至2007年，北京安排支持资金2200万元，实施了第一批7个工程项目，包括潮河流域万亩节水灌溉、潮河流域农村生活垃圾填埋场、丰宁县九龙集团环境治理技改、白河流域万亩节水灌溉、黑河源头治理、宣化区羊坊污水处理和桑干河流域万亩节水防渗工程，这些工程建设取得了良好的生态、经济和社会效益。2008年，北京市计划安排支持资金5800万元，实施第二批6个项目，包括跨区域水环境保护与信息共享体系建设、湿地保护、排污管网改造、节水灌溉、垃圾填埋场建设、潮河生态恢复治理工程等。

4. 水源保护林工程建设

根据2006年签署的京冀《合作备忘录》，北京市制订了水源保护林实施方案，计划开展生态水源保护林建设、森林防火基础设施建设和林木有害生物联防联治3个项目。

生态水源保护林建设内容包括：2007—2011年，北京市支持官厅、密云水库上游的怀来、赤城、滦平和丰宁四县每年营造生态水源保护林4万亩，5年造林20万亩，年投资2000万元。

森林防火基础设施建设内容包括：2007—2011年，支持与北京接壤的河北9个市县森林防火基础设施建设和设备配置，年投资700万元。

林木有害生物联防联治合作内容包括：2007—2011年，在与北京接壤的河北省12个市区县开展有害生物联防联治，北京支持监测设备和防治物资，每年投资300万元。项目每年合计投资3000万元，5年累计投入1.5亿元。水源保护林建设项目2009年下半年开始启动。

密云水库流域生态服务补偿区域范围及主要利益相关者分析

7.1 补偿区域范围及补偿主体和补偿对象的确定

生态补偿机制是调整损害与保护生态环境的主体间利益关系的一种制度安排，通过政策和经济手段使水源区生态保护成本外部性内部化，协调不同利益主体和上下游区域的责任、权利和义务，保证整个区域的可持续发展。

水源区生态补偿具体包括3个方面的涵义：一是保护补偿，是指对水源保护区内采取生态友好生产方式的农户、林地拥有者、清洁生产企业等的补偿记忆对保护区域内的生态环境进行保护性和恢复性投入，包括对水源保护区污水处理设施、清洁卫生设施等生态环境保护性投入；二是发展补偿，是指对保护区牺牲的发展权益给予补偿，包括对当地财政收入减少的补偿、对企业和农民生产损失的补偿以及对搬迁移民的补偿等方面；三是污染者赔偿，对污染企业和个人收取一定的税费，用于生态恢复和对保护者的补偿。

由于流域生态保护建设的外部性，流域上游的生态环境服务的价值会有一部分或大部分转移到下游地区。下游受益地区和受益对象应该对上游的保护和建设成本给予一定的补偿或者是共同建设。由于受益的对象和范围难以精确确定，常常造成流域生态服务与水资源免费利用，受益者不补偿，保护者不受益的现状。因此，确定流域生态服务补偿的补偿主体、受偿对象及其范围是生态补偿的前提和基础。

本研究在确定生态补偿的补偿区和受益区的基础上进一步确定补偿主体和受偿主体。补偿区是指提供流域环境服务的区域，是流域环境保护和生态恢复的建设区，一般指上游流域集水区，以自然地理特征为主导。依据对流域生态环境服务质量和数量的贡献、发展权限制的损失等方面，补偿区又可以分为优先补偿区、次补偿区和潜在补偿区。

流域生态受益区是直接和间接利用流域提供的环境服务的区域，受益区是包括整个生态补偿区在内，并包括流域内、外现有和潜在的流域环境服务的相对开放的社会经济系统。

密云水库补偿区是指密云水库上游潮河、白河流域集水区，具体包括张家口的沽源县、崇礼县、宣化区和赤城县，承德的丰宁县、滦平县、承德县、北京市的延庆县、怀柔区和密云县。依据对流域生态环境服务的贡献和重要性，优先补偿区是赤城县、丰宁县、滦平县和密云县，次补偿区是延庆县和怀柔，潜在补偿区包括沽源县、崇礼县、承德县、宣化区，这些县占流域面积比例极低，对流域环境服务的影响较小。

密云水库流域受益区是包括补偿区在内的所有区域以及下游北京市全市。

密云水库流域生态补偿的主体包括责任主体和补偿主体。水源区环境服务作为一种公共物品，具有受益的非排他性和非竞争性。由于公共产品具有这两个特征，私人出于自身利益考虑，不愿意参与公共产品的供给。公共产品概念最主要的公共政策含义是，政府应当在提供这类物品上发挥主要作用，否则就会出现供给不足的问题。因此，目前政府是公共产品和公共服务的主要提供者，也是流域环境保护的责任主体。目前政府在北京水源区生态补偿机制构建过程中仍处于主导作用，对流域共建共享机制的构建具有非常重要的作用。对于密云水库流域生态补偿而言，北京市政府是第一责任主体，其次是下游地方政府部门。

确定补偿主体就是解决"谁补偿"的问题。根据公共产品理论，对流域生态服务应该是全体受益者购买，或者说是其代表——政府购买，政府购买的资金来自公共收入，即由公共财政支付。同时，根据"谁开发谁保护，谁破坏谁恢复，谁受益谁补偿，谁污染谁付费"的原则，补偿付费主体还应该包括其他流域保护的受益者、污染者、资源开发者和环境破坏者。

依据受益程度，对于密云水库流域生态补偿的主体进行划分，第一补偿主体应该包括下游北京市政府和中央政府、第二补偿主体是上游水源地的污染企业、矿产等资源开发者，第三补偿主体是下游北京市居民。

受偿对象是上游提供环境服务的政府、使用清洁生产方式的企业以及采用节水和环境友好型生产方式的农户和林业主。依据对环境服务的贡献，第一受偿对象是上游赤城、滦平和丰宁3县参加生态补偿项目的农户和林业拥有者、环境友好生产方式的企业，第二受偿对象是赤城、滦平和丰宁3县林业、水利和环保等政府部门，第三受偿对象是上游流域其他县市。

目前情况下，由于没有清晰的补偿主体和受偿主体的责、权、利的约定，没有可操作性的生态补偿相关法律和法定，密云水库流域环境保护补偿主体主要来源于北京市政府和国家财政资金，但是对上游污染者、资源开发者和环境破坏者没有给予收费，没有建立水质不达标的考核机制、违约责任和赔偿机制。从而，导致生态补偿制度实施的效果较差。

7.2 流域生态补偿的利益相关者分析

利益相关者分析是"通过确定一个系统中的主要角色（actor）或相关方（stakeholder），评价他们在该系统中的相应经济利益或兴趣，以获取对系统的了解的一种方法和过程"（Grimble and Chan，1995）。20世纪90年代中期以后这种方法开始广泛应用于自然资源管理的实践，该分析方法的主要目的是找出并确认系统或干预中的"相关方"，并评价其利益，在这里的利益包括经济利益及其在社会、政治、经济、文化等多方面的利益。

利益相关者分析方法可以通过对个体、主要知情人、小组、焦点访谈的形式进行半结构访谈获取数据，也可以通过对利益相关主体问卷调查的方式进行。本研究所采用的问卷调查有两种：

（1）机构问卷调查。从政府机构的角度探讨流域生态服务补偿对流域保护、水质改善和经济社会发展的影响，同时分析政府在流域生态服务补偿中发挥的作用。本研究通过对环保和水利等职能部门中主要负责人访谈的20份问卷获得政府部门对流域补偿与保护、目前存在的主要问题和解决办法等问题的观点。

（2）农户问卷调查。通过农户问卷调查可以了解当地农民、渔民和其他居民在流域保护和补偿过程中的利益关系、作用，对上下游生态补偿的认识、态度和愿望等信息，涉及流域上下游不同利益相关者。问卷内容主要涉及对流域补偿和保护的认识与态度、利益关系、权力地位、参与程度、被调查者的基本情况如性别、年龄、职业、收入、在此居住年限等。问卷涉及上游3县的10个村镇。

（3）专家调查。通过机构调查和农户访谈，获得了14个主要的利益相关者的相关信息，在此基础上请专家对其利益关系和重要性进行打分。10分为最高，1分为最低。如果您认为有消极的成分，也可以打负分。对环境经济学家、政府部门环境管理人员进行调查，得到专家评分结果。

密云水库流域生态补偿的主要利益相关者包括3部分：

（1）政府：各级政府，包括地方政府赤城县、丰宁县和滦平县政府，以及它们的上级——张家口、承德政府。这些政府部门在流域生态服务补偿政策的谈判、协调和指导中充当着协调人、决策者的角色。

（2）经济部门：包括产业部门和公司，例如，上游各类工业企业部门（酿酒厂、化工厂、采矿企业公司等）、林业公司或者水务公司。他们在政策制定和实施过程中的关系和交互作用是影响生态补偿政策执行效果的主要因素。

（3）社会：包括农民、市民、非政府组织、科研机构、环保NGO、公众与媒体等。他们也是活动的主要力量，尤其是上游的农民和林地拥有者，作为流域生态保护者，他们的对流域生态保护的态度和认识以及战略选择将直接影响政策成本效益。

通过对关键人物访谈、机构问卷调查、农户问卷调查和专家调查等方式对利益相关群体在流域生态补偿中的权利、利益关系进行分析。首先依据访谈和调查选取了14个利益相关群体，以各个利益相关者对流域保护和补偿的影响及其被影响的程度为核心，分析了各利益群体受流域生态补偿政策的影响程度与利益需求程度、积极性和主动、重要性、参与性、群体的影响力和权利情况，并对14个利益相关者的重要程度进行专家打分（见表7-1）。

依据专家打分的分值 [1-5]（包含5分）、[5-7]（包含7分）和 [7-10]，构建利益相关者分析矩阵（见表7-2）。

利用利益相关者分析矩阵，将利益相关群体分为核心利益相关者、次核心利益相关者和边缘利益相关者3大类。

（1）核心利益相关者。利益相关者分析矩阵中至少3个维度得分在7分以上，他们是下游自来水公司、下游政府部门、下游居民、上游水源区农户、上游环保部门、上游污染企业、上游林业、水利等部门。可以看出，目前阶段核心利益相关者主要是生态补偿政策的决策者和推动者，流域上下游政府部门和相关管理部门、相关企业，下游居民是生态补偿政策的主要需求者，受影响较大。利益需求程度、积极性、参与性与重要性程度都比较高。上游水源区农户作为生态补偿政策的直接参与者，是生计直接受到流域补偿政策影响的群体，他们生产方式的选择和对土地利用方式的决策很大程度上决定了政策执行的程度和效果，也是政策执行受影响较大的群体，具有较高的利益需求、影响力与重要性。由于在整个利益博弈中，他们不具有决策权和话语权，常常是被动执行相关政策，积极性与主动性比较低。

表 7-1　密云水库流域利益相关者重要程度专家打分结果

	被影响程度与利益需求程度	积极性与主动性	参与性	影响力/权利	重要性
下游自来水公司	7.64	7.00	7.73	6.36	7.09
下游政府部门	7.91	7.45	8.55	8.09	8.27
下游居民	9.00	6.73	7.55	6.09	7.27
上游环保部门	7.45	7.00	6.91	7.55	8.45
上游水源区农户	8.36	6.55	6.18	7.27	8.73
上游林业、水利等部门	7.73	7.27	6.91	7.73	8.27
上游污染企业	8.18	3.00	5.09	7.09	8.27
上游环保型企业	6.27	6.91	6.64	5.55	6.36
水源区城镇居民	8.00	5.00	4.00	5.05	6.00
外部投资机构	4.73	5.09	4.91	5.00	5.91
科研机构	3.64	5.45	6.09	4.45	5.00
环保非政府组织	4.64	7.18	7.09	5.73	6.09
中央和上级政府部门	5.09	5.64	6.27	7.55	7.09
媒体与公众	4.32	6.32	6.27	6.00	6.14

（2）次核心利益相关者。利益相关者分析矩阵中至少 3 个维度得分在 5～7 分，包括中央和上级政府部门、媒体与公众、环保非政府组织、上游环保型企业、水源区居民。这些利益群体可以直接或间接地影响生态补偿政策的执行，具有较高的积极性、主动性和参与性，但是他们并不是最直接的利益相关者。水源区居民受影响程度、对水质改善的影响和重要性较高，但他们几乎不直接参与到相关行动中，积极性和主动性也较低。媒体与公众作为一个特殊的群体，他们的舆论影响和监督对流域管理和生态补偿政策的执行具有重要的作用。

（3）边缘利益相关者。至少 3 个维度得分在 5 分以下，包括科研机构、外部投资机构，他们与政策执行没有直接的利益关系。

表7-2 密云水库流域利益相关者分析矩阵

	被影响程度与利益需求程度	积极性与主动性	参与性	影响力/权利	重要性
[1-5]	外部投资机构、科研机构、环保非政府组织、媒体与公众	上游污染企业、水源区居民	外部投资机构、水源区居民	科研机构、外部投资机构	科研机构
[5-7]	中央和上级政府部门、上游环保型企业	下游自来水公司、上游环保部门、中央和上级政府部门、上游环保型企业、外部投资机构、科研机构、媒体与公众、下游居民、上游水源区农户	上游环保部门、中央和上级政府部门、上游林业、水利等部门、上游环保型企业、科研机构、媒体与公众、上游水源区农户、上游污染企业	下游自来水公司、下游居民、媒体与公众、上游环保型企业、环保非政府组织、水源区居民	上游环保型企业、水源区居民、外部投资机构、环保非政府组织、媒体与公众
[7-10]	下游自来水公司、下游政府部门、上游环保部门、下游居民、上游水源区农户、水源区居民、上游污染企业、上游林业、水利等部门	下游政府部门、上游林业、水利等部门、环保非政府组织	下游自来水公司、下游政府部门、下游居民、环保非政府组织	中央和上级政府部门、上游水源区农户、上游林业、水利等部门、下游政府部门、上游污染企业、上游环保部门	下游自来水公司、下游政府部门、下游居民、上游环保部门、上游水源区农户、上游污染企业、中央和上级政府部门、上游林业、水利等部门

从利益相关者多维分析可以看出，在5个维度存在严重的不平衡，多数群体被影响程度与利益需求程度、重要性2个维度方面所占比分很高，在7分以上，但是在积极性与主动性、参与性方面明显不足，这反映了流域环境服务的准公共物品特征和各利益群体"搭便车"的心理和利益博弈的情况。

流域环境服务价值评估与生态补偿标准

8.1 生态补偿标准估算的依据与研究方法的选择

流域生态服务补偿作为流域水资源交易的一种方式，流域生态服务补偿标准的确定应结合流域生态服务的供应和需求、成本效益多方面综合考虑。补偿数额一般可从以下几个方面进行考虑：

1. 机会成本

下游地区为了保护流域环境而付出的成本，包括经济结构转型的成本、产业发展权的限制而造成的损失、为增加环境服务供给而额外增加的环境保护的成本、污染治理的成本等。经济结构转型的成本包括农业产业结构变化（例如稻改旱）、培育绿色产业和高新技术产业等的成本。发展权限制的损失包括对造纸、酿酒以及其他污染或高耗水产业发展限制的损失、农业禁牧等的损失。流域生态补偿的机会成本投入主要体现在工业发展限制的机会成本、水源林建设和耕地面积减少导致的农业产业结构变化的机会成本等。机会成本核算方法包括问卷调查、实证调查和间接计算的方法（胡小华，方红亚等，2008）。问卷调查就是通过支付意愿调查获取直接的支付意愿和接受意愿，包括支付意愿调查法和选择模型法（Bennet J，B R.，2001；Joan MOGAS，Pere R，Jeff B，2004；张世秋等，2006）。实证调查通过政府相关部门统计资料和实地调研核算。间接计算是选择与被补偿区发展条件相当、但没受流域生态保护和建设影响的区域作为参考区域，通过估算发展差距作为发展权限制的损失。

2. 直接成本投入

把维持或增加环境服务供应而增加的直接成本投入作为补偿的下限。直接成本测算包括：治理污染的投入、生态保护与建设的投入。治理污染的投入包括污水处理厂建设、重点企业治污、垃圾处理厂、农村垃圾站和非点源污染的治理投入；生态保护与建设的投入包括林业建设投入，水土保持投入，水质、水量监测投入等。直接成本的核算可以通过市场直接定价确定，也可以通过多年实际投入的均值核算，实际投入的计算常常更容易被接受。直接成本核算结果的可行性常常与数据掌握的真实性和测算的补偿范围的有效界定有关。

3. 水资源价值

由于目前生态补偿标准难以达成一致，依据水资源质和量的水资源价值，是一种非常直接的交易补偿方式，可依据当地水资源价格，进行谈判和交易。

4. 生态服务价值的增加量

采取流域生态服务补偿政策后，上游提供给下游一定的补偿，用于流域环境的保护，将会使生态服务价值有所增加，包括水质的改善、水量的增加或在时间上的均匀分布、水土流失面积的减少、生物多样性的改善等。由于环境服务价值评估的数值很高，目前情况下不可能作为补偿的直接依据，但是可以作为成本分担比例的参考。

5. 支付能力

尽管下游地区应该支付给上游高于机会成本的经济补偿，并且下游地区存在一定的支付意愿，但是地方财政能力和居民的收入水平仍是流域生态服务的经济补偿过程中必须要考虑的重要方面。只有在支付能力承受范围内的生态补偿标准才能够有效执行。

生态补偿政策执行的核心就是为了保证上游环境服务供给的有效增加而采取的一系列措施和行动，并对环境服务提供者进行经济补偿。密云水库上游流域有2个支流：潮河和白河。从北京市水资源供需分析可以看出，潮白河流域是北京市主要的地表饮用水来源。由于严重缺水的现状，优质可饮用水量的供给成为最主要的生态服务需求。为了使上游提供更多的饮用水资源，北京市和中央共同实施了退耕还林、退牧还草项目、生态公益林项目、《21世纪初期（2001—2005年）首都水资源可持续利用规划》、《海河流域水污染防治规划》、《京津风沙源治理工程规划》等一系列生态建设和补偿制度与措施。同时，北京市和河北省政府共同协商后启动了上游地区的水源林建设、河道治理、稻改旱等，这些项目的投资基本上涵盖了上游的生态建设和环境治理的投入。因此，目前情况下上游地区生态建设和污染治理投入主要是由国家和北京市投资完成的，补偿主要通过生态建设项目的形式对河北省相关区域进行补偿，主要集中在上述所说的流域水源林建设、风沙防治和水污染治理等方面，属于生态补偿的共建项目，是广泛意义上的生态补偿（生态建设）。项目执行的效果，可以通过项目本身的验收评估实现，而且整个流域环境服务改善和水质水量提高的效果也是多个项目叠加的结果。根据作者对政府部门的机构调查和实际考察，由于经济发展水平的限制，上游地区赤城、滦平、丰宁等县市对环境保护建设的投入极少。上游生态环境建设成本基本上由下游北京市各种项目投入实施。因此，上游地区所受到的影响主要是发展权限制的影响，可以从工业发展限制和农业发展限制 2 个方面考虑。

同时，考虑到密云水库整个流域水资源紧缺、水资源价值在上下游差异大、以及流域环境服务需求大的现状，我们通过水资源效益价值评估、支付意愿调查法和发展权限制的机会成本 3 种方法评估密云水库流域的环境服务价值，确定流域生态补偿标准。

8.2 基于水资源效益价值的评估方法与生态补偿标准

利用效益价值法对水资源的价值进行直接评估。效益价值法是对水资源价值进行直接评估时采用的方法，它通过评估水资源在农业、工业、生活以及其他方面产生的价值来评估水资源的价值（刘玉龙，2007）。

8.2.1 模型方法

本研究从农业灌溉用水效益价值、工业用水效益价值、城镇生活用水效益价值和综合用水效益价值 4 个方面评估上游水资源效益。

（1）农业灌溉用水效益（b）。采用灌溉效益分摊系数评估农业单方水灌溉效益。依据作物灌溉的特点，评估公式为：

$$A_i = \sum_{i=1}^{n} (\varepsilon_i \times (Y_i - Y_0) \times P_i \times \sigma_i)/q_i \qquad (8-1)$$

式中 A_i 表示单方水 i 作物的灌溉效益；ε_i 为第 i 类作物灌溉效益分摊系数；Y_i 为有灌溉情况下第 i 类作物多年平均单产（kg/hm²）；Y_0 为无灌溉情况下第 i 种作物多年平均单产（kg/hm²）；P_i 为第 i 类作物的产品价格（元/kg）；q_i 表示作物 i 的净灌溉定额（m³/hm²）；σ_i 表示灌区的渠系水利用系数。

综合灌溉效益在各作物灌溉效益的基础上利用作物结构进行修正，评估公式为：

$$A = \sum_{i=1}^{n} (b_i * r_i) \qquad (8-2)$$

式中 A 表示农业综合灌溉效益；r_i 为第 i 类作物种植比例，表示农业用水分配。

（2）工业供水效益（I）。根据水在工业生产中的地位和作用，同样以分摊系数法（由于桃林口工程的建设而使工业增产值乘以供水效益的分摊系数）计算工业供水效益。估算依据单方水效益和工业供水效益分摊系数计算，估算公式为：

$$I = \frac{10000}{g} \times \varepsilon \qquad (8-3)$$

式中：I 表示单方水工业供水效益；g 表示单方水万元产值耗水量；ε 为工业供水效益分摊系数。

（3）城镇生活用水效益（U）。城镇生活用水效益用当地的城镇生活供水价格表示。

（4）综合用水效益（B）。利用用水比例与农业灌溉、工业生产和城镇生活用水效益的加权平均值估算综合用水效益。估算公式为：

$$B = A * W_1 + I * W_2 + U * W_3 \qquad (8-4)$$

8.2.2 结果分析

本研究以白河上游赤城县为例研究上游单方水的效益，作为基于水量供给制定生态补偿标准的基础。

1. 农业灌溉用水效益

根据当地的实际种植结构和作物用水情况，选取玉米、水稻和蔬菜 3 种作物作为赤城县主要代表性作物。3 种作物的种植结构和有无灌溉情况下作物的实际产量见表 8-1。灌溉产量是当地多年最高产量，不灌溉产量是干旱气候下的产量，数据来自作者的实地调查。作物价格是 2008 年当地平均作物市场价格。由于 2006 年白河流域开始执行稻改旱政策，2006 年稻谷的种植面积减少，2007 年全部不再种植水稻。因此，利用 2003—2005 年的作物结构评估综合利用效益。

表 8-1　赤城县作物种植结构、多年平均产量调查结果

	2003 年	2004 年	2005 年	2006 年	2007 年	2008 年	灌溉产量（kg/hm²）	不灌溉产量（kg/hm²）	价格（元/kg）	灌与不灌产值增加值（元/hm²）
稻谷	4	4	4	1	0	0	5656	0	2.1	11878
玉米	63	69	72	73	81	71	10500	2250	1.3	10725
蔬菜	33	27	24	27	19	29	51264	22609	0.8	22924

注：数据来源于赤城县统计年鉴、作者调查和计算。

从表 8-1 可以看出，灌与不灌产值增加值蔬菜受到的影响最大，其次是小麦，主要源于蔬菜的高产出。但是，灌与不灌产值增加值并不是完全由水量决定的，还要看各作物的灌溉效益分摊系数。灌溉效益分摊系数可以利用多年调查和田间实验数据得到。本研究的灌溉效益分摊系数 ε_i 引自全国水资源综合规划专题研究 7-3《全国农业灌溉用水及节水指标与标准研究》，是河北省 ε_i 的平均状况。

云州灌区是赤城县最大的灌区，根据作者的调查，渠系利用系数 σ_i 取 0.4。根据云州灌区管理协会提供的实际灌水经验，确定灌区主要作物灌溉定额为：$P=50\%$ 时，玉米为 205m³/亩、水稻为 720m³/亩、夏、秋蔬菜为 550m³/亩。依据表中的参数和指标，利用上述式（8-1）和式（8-2）计算出单方水作物灌溉效益和农业综合灌溉效益（见表 8-2），可以看出单方水蔬菜效益最高，达到 0.8558 元/立方米，水稻最低，基本上是 0.3247 元/立方米，农业灌溉水资源综合利用效益是 0.7368 元/m³。

表 8-2　赤城县单方农业水灌溉效益分析

	灌与不灌产值增加值（元/hm²）	ε	灌溉效益（元/hm²）	净灌溉定额（m³/hm²）	σ	总灌溉水量（m³/hm²）	单方水灌溉效益（元/m³）	种植比例（%）	综合利用效益（元/m³）
稻谷	11878	0.738	8766	10800	0.4	27000	0.3247	4	0.7368
玉米	10725	0.509	5459	3075	0.4	7687.5	0.7101	68	
蔬菜	22924	0.77	17652	8250	0.4	20625	0.8558	28	

注：数据来源于赤城县统计年鉴、作者调查和计算。

2. 工业供水效益

本研究依据上述式（8-3），利用赤城县工业用水量和工业总产值，计算得到万元产值耗水量（g），世行、亚行项目的工业供水效益分摊系数采用 2.5%～3.5%。根据赤城县的缺水情况和工业产业结构综合分析，本次计算中工业供水效益分摊系数采用 0.03。利用上述公式估算出赤城县多年工业供水效益。由于年度缺水程度不同，各年的工业供水效益有较大的差别，2003 年工业供水效益最高，2008 年最低，工业万元产值耗水量呈增加的趋势。计算得到多年平均工业供水效益是 4.82 元/m³（见表 8-3）。

3. 城镇生活用水效益

城镇生活用水效益用当地的城镇生活供水价格表示，根据作者的调查，赤城县城镇生活用水价格是 1.2 元/m³。

4. 综合用水效益

利用式（8-4），式中用水比例选取 2006—2008 年三年农业灌溉、工业生产和城镇生活用水比例的平均值（见表 8-4），计算得到赤城县综合用水效益为1.59 元/m³。

表 8-3 赤城县规模以上工业供水效益（单位：元/m³）

年份	工业用水（万 m³）	工业总产值（万元）	工业万元产值耗水量（m³/万元）	效益分摊系数	工业供水效益（元/m³）
2003	339	76541	44.29	0.03	6.77
2004	423	74219	56.99	0.03	5.26
2005	664	84893	78.24	0.03	3.83
2006	943	114380	82.44	0.03	3.64
2007	900	181863	49.49	0.03	6.06
2008	1200	134958	88.92	0.03	3.37

注：数据来源于赤城县统计年鉴和作者计算。

表 8-4 赤城县用水结构

	2006		2007		2008		平均
	用水量（万 m³）	比例（％）	用水量（万 m³）	比例（％）	用水量（万 m³）	比例（％）	比例（％）
农业灌溉用水	2755	58.55	2775	58.97	2600	53.06	56.86
工业用水	943	20.04	900	19.12	1200	24.49	21.22
城镇生活用水	1007	21.41	1031	21.91	1100	22.45	21.92

表 8-5 赤城县综合用水效益

	用水效益（元/m³）	用水比例（％）	综合用水效益（元/m³）
农业灌溉	0.53	56.86	1.59
工业生产	4.82	21.22	
城镇生活	1.20	21.92	

密云水库下游北京市对上游赤城县的生态补偿标准的下限应该是额外增加的供水量与综合用水效益的乘积，利用北京市水资源公报上 2003—2009 年密云水库接收白河调水补给数据（见图 8-1），利用平均值 0.94 亿 m³ 与综合用水效益

1.59 元/m³的乘积，得到基于水资源量的效益价值评估的生态补偿标准是 1.4946亿/年。

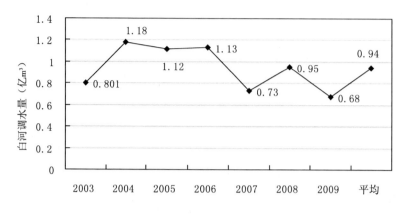

图 8-1　密云水库接收白河流域调水量

8.3 基于 CVM 的环境服务价值评估方法与生态补偿标准

本研究是在环境服务价值评估的基础上进行生态补偿机制的构建，环境服务价值作为非使用价值，对非市场环境物品价值的估算，近年来国际上关于该方面的理论和实践研究日益增多，经济学家已经发展了一些新方法估计环境物品所带来的福利和损失所导致的成本。这些技术可分为两类：揭示偏好法（Revealed Preference，RP）和陈述偏好法（Stated Preference，SP）技术（Loomis J B，Walsh R G.，1997）。揭示偏好技术需要利用相关市场的一些信息来进行价值估算，主要有旅行成本法（娱乐地区的使用价值）和享乐价值法（用于污染成本的估计等）。陈述偏好技术主要利用人们对一些假想情景所反映出的支付意愿（WTP）进行环境物品价值估计。从当前的研究来看，陈述偏好法主要有两类：条件价值评估法（Contigent Value Method，CVM）和选择实验（Choice Experiment，CE）或选择模型（Choice Modeling，CM）方法。

8.3.1 CVM 概念及相关研究进展

条件价值评估法（CVM），又称权变估值法、意愿价值评估法、调查评价法等，是通过构建假想市场，揭示人们对于环境改善的最大支付意愿（Willingness To Pay，WTP），或对于环境恶化希望获得的最小补偿意愿（Willingness To

Accept，WTA）；换言之，CVM 是要在模拟市场中引导受访者说出其愿意支付或获得补偿的货币量。CVM 源自 Hicks 衡量消费者剩余的两个指标：等量变差（Equivalent Variation）和补偿变差（Compensating Variation）。对于将因某一公共物品的改善或提供而带来的福利增长，补偿变差指消费者为了获得对公共物品的享用而必须支付的最大数额，它对应于支付意愿 WTP；等量变差指当该公共物品无法提供时，为了不使消费者的效用下降而需向其支付的最小补偿数额，它对应于接受补偿意愿 WTA。

1963 年 Davis 首次应用 CVM 研究了美国缅因州一处林地的游憩价值（Davis R K，1963），此后该方法开始不断用于估算环境资源的游憩和美学价值。从 70 年代早期，CVM 开始用于各种公共物品及相关政策的效益评估，包括游憩、美学价值及大气质量、健康风险、水质、有毒废弃物、核污染风险、文化和艺术等诸多领域的价值评估，Mitchell 和 Carson 对这些早期研究进行了系统的综合回顾（Mitchell R C，Carson R T.，1989）。以 Hanemann 等人为代表，围绕 CVM 的研究成果大量涌现（Choi W S，Lee K J，Lee B W，2001；Hanemann W M.，1994）。

1989 年美国埃克森石油公司在阿拉斯加海域发生石油泄漏事故，所涉问题之一是如何评估自然景观和野生生物的损失价值，推动了人们对 CVM 的认识和了解，使其研究内容发生了很大变化。从 20 世纪 90 年代早期开始，特别是 1993 年之后，CVM 相关文献从实施 CVM 实验并报告内容和结果，向检验结果的有效性、可靠性方向转变（Desvousges W H，Hudson S P，Ruby M C.，1996）。

国内的研究始于 20 世纪 80 年代末 90 年代初，主要以环境污染的损失评估为主。薛达元等采用费用支出法、旅行费用法和条件价值法对长白山自然保护区生物多样性的间接使用价值、非使用价值、旅游价值进行了详细的分析与评价，这项工作对国内后来的环境价值评估起到了推动作用（薛达元，1997）。我国的 CVM 实例研究直至 90 年代才开始出现，多处于概念探讨阶段，2002 年以来，张志强、徐中民、王寿兵等人分别对黑河流域和上海苏州河进行了生态系统恢复的价值分析，但研究过程较多使用了支付卡问卷且对 CVM 有效性、可靠性及偏差尚缺少具体分析。最近，国内 CVM 研究也开始出现有效性、可靠性分析，主要集中在城市流域景观和水质改善的环境服务价值方面（杨凯，赵军，2005；张翼飞，刘宇辉，2007）。

8.3.2 CVM 问卷设计

利用 CVM 方法在流域下游地区通过问卷调查获得公众对流域补偿的认知程度、支付意愿和支付方式，并在此基础上分析金华江流域生态补偿过程中存在的主要问题和影响因素。CVM 方法利用效用最大化原理，通过构建假想市场，获知人们对于非市场物品的支付意愿（WTP，Willingness to Pay），是迄今唯一能够评估环境物品的全部使用价值，尤其是非使用价值的方法。

CVM 核心估值问题的设计模式有开放式（Open－ended，OE）、支付卡（Payment Card，PC）和二分式（Dichotomous Choice，DC），其中支付卡式问卷简明易懂，在普遍对资源环境模拟市场存在认知困难的发展中国家应用广泛（张志强，徐中民，程国栋，2002）。支付意愿调查可以获得公众对流域管理和生态补偿的真实的态度、观点、知识和流域环境服务的重要性程度。本研究采取支付卡式问卷进行调查，调查问卷的设计主要围绕以下几个方面进行：①被调查者对于流域保护和补偿问题的理解和认知程度；②被调查者的流域保护意识；③被调查者认为环境相对经济的重要性程度；④对流域保护的支持程度和最大支付意愿及支付方式、不愿支付的原因等；⑤被调查者参加流域保护的程度；⑥个人和家庭的社会经济信息。

由于水资源短缺，北京市水源区生态补偿政策案例研究中，需要评估的政策变化主要是基于水质和水量改善的最大支付意愿。为了引出评估的问题，问卷调查设计中我们首先介绍了北京市水资源紧缺的现状、密云水库水质、水量情况和目前在该区域的政策执行情况，以及将要调查的流域环境服务支付可能带来的利益和不支付可能的损失，以使被访问者更好地了解案例区流域环境服务现状、自身在流域保护中的利益、损失与地位等方面。

调查问卷分为 3 大部分：

（1）认识背景与居民环境保护意识：包含对流域环境保护的基本认知、对供水服务的满意程度、对政府的信任程度、水污染和水质恶化所带来的危害和疾病等方面的调查。

（2）支付意愿：包含对流域保护的支持程度、密云水库水质改善的最大支付意愿调查、选择的支付方式、不愿意支付的原因等。

（3）用户基本信息：包含被调查人的性别、年龄、受教育年限、家庭人口、收入、居住地等。

8.3.3 支付意愿的调查与分析

调查地点在密云水库用水区，包括北京市海淀、朝阳、丰台、石景山、西城、东城、宣武、崇文、昌平9个主要城区。密云等郊区县也有少量调查，调查显示水源区也有支付意愿，这说明了环境服务的价值被广泛认可，也显示了环境服务在水源区和用水区都共享的事实。

问卷调查的时间是2009年12月至2010年2月，总计发放问卷430份，除去填写不完整、抗议性回答等问卷，回收有效问卷329份，其中密云水库有支付意愿（非零支付）的受访者256份，但是其中14份支付意愿仍然为0，尽管他们选择了愿意支付，他们不支付的原因是：由于收入低没有支付能力，污染者或政府应该支付。因此，我们认为这些被调查者实际上也不具有支付意愿。具有正支付意愿的有242份，拒绝支付或无能力支付（零支付）的87份，分别占73.56％和26.44％。由于官厅水库水质恶化，提供水质拒绝支付的受访者124份，占28.83％。

从认知程度、满意与信任程度、保护意识、重要程度、支持力度5个方面对密云水库流域生态补偿问题进行调查（见表8-6），可以看出，对流域环境保护和水质影响健康状况的认知程度并不高，只有70％左右的被调查者知道密云水库是北京市饮用水源，知道水质差可能造成疾病和为改善水质而购买瓶装水的被调查者分别占61.14％和65.8％。对供水服务的满意程度和对水利管理部门的信任程度处于居中偏差的水平。几乎所有被调查者都有流域保护意识，认为环境服务是有价的，认为环境相对于经济是重要的，不过由于被调查者都是城区居民，基本上很少有人经历过污染灾害，这或许也是一部分被调查者不愿意支付的原因。密云水库流域环境保护最大支付意愿的算术平均值是25.42元/月·户，占被调查者户均家庭收入的比例是0.33％，中位值是10元/月·户，所占比例更低。官厅水库流域环境保护最大支付意愿平均值是22.06元/月·户，低于密云水库，主要原因在于官厅水库的水质恶化、流量减少，被调查者认为官厅水库环境服务的供给减少。对于整个水源区环境服务保护的综合最大支付意愿均值是35.37元/月·户。

研究同时对流域环境服务的支付方式进行调查，结果显示：选择适当增加水费、电费，再转移给上游的比例最高，占被调查者的36％。其次是交生态保护税作为专款，占28％。其他的分别是专款、作为志愿者参加流域保护活动等（见图8-2）。这个结果与世界银行"生态有偿服务在中国：以市场机制促进生态补偿"中提出的观点相互印证，利用已有的体制机制可以节约交易成本，更有利于建立生态补偿机制（世界银行，2006）。

表8-6 密云水库生态补偿和支付意愿的基本状况调查

认知程度	是否了解密云水库为北京水源（%）	70.09
	清楚水质差可能造成疾病（%）	61.14
	为改善饮用水水质而购买瓶装水（%）	65.8
	是否有改善水质的要求（%）	81.48
满意与信任程度	对供水服务（包括水源地建设）的满意度（1 非常满意，5 很不满意）	2.6 *
		3 * *
	从资金、工程方面对水利管理等政府部门的信任度（1 非常信任，5 很不信任）	2.7 *
		2.5 * *
保护意识	不同意上游浪费（%）	99
	不同意上游污染（%）	100
	认为环境有价（%）	97
重要程度	环境相对经济的重要性（1 很重要，4 不重要）	2 *
		1 * *
	经历污染灾害率（%）	9.2
支持力度	密云水库愿意支付的比例（%）	73.56
	密云水库最大支付意愿（元/月·户）	25.42 *
		10 * *
	官厅水库最大支付意愿（元/月·户）	22.06 *
		10 * *
	综合支付意愿（元/月·户）	35.37 *
		20 * *

数据来源：北京用水户问卷调查。* 表示平均值，* * 表示中值。

同时，问卷调查显示密云水库、官厅水库分别有26.44%和28.83%的被调查者不愿意支付一定数量的金额进行流域环境服务的支付。我们也同时对不愿意支付的原因进行调查，有8个选项，可以多选，调查结果如图8-2。调查表明不意愿支付的主要原因有3个，占第一位的是：水质改善应该是政府的责任，应由政府出钱，期望我为河流保护出资不太公平，占32.43%；第二是不相信政府或机构能合理地管理与使用所筹集到的经费，占29.73%；第三是应该由污染企业等破坏者出钱治理；家庭经济收入太低，无能力支付排名第四位，不是主要原因（见图8-3）。可以看出人们主要认为自己已经纳税，应该由政府承担提供公共环境服务的责任，污染企业应该承担赔偿责任。同时，对政府和相关管理部门的不信任也是人们不愿意支付的主要原因之一。

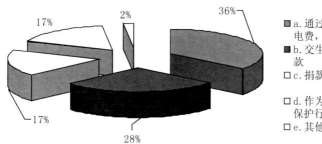

图8-2 支付意愿的支付形式

- a. 通过适当增加水费、电费，再移给上游
- b. 交生态保护税作为专款
- c. 捐款
- d. 作为志愿者参加流域保护行动
- e. 其他形式

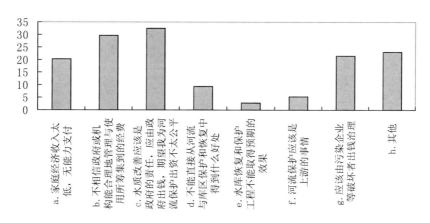

图8-3 不愿意支付的原因调查

从密云、官厅水库流域环境服务最大支付意愿可以看出，环境服务支付意愿存在范围问题，对比总支付意愿和2个主要水库的支付意愿（见表8-7），可以看出：总支付意愿并不大于每个水库的支付意愿，分别有47.79％和32.35％的被调查者的对密云水库或官厅水库的支付意愿与总支付意愿是相同的。大部分被调查者对密云水库环境服务供给的最大支付意愿（*WTP*）与官厅水库的最大支付意愿（*WTP*）是相等的，占67.65％。但是仅有41.18％的被调查者选择总支付意愿为两个水库*WTP*之和，大于二者之和的仅占8.46％，

50.37％的被调查者总支付意愿小于两个水库的 *WTP* 之和，这说明当被支付范围增加时，支付意愿没有相应增加，也进一步印证了 *WTP* 存在范围问题。人们常常对一个小范围和大范围的环境保护项目给出相同的 *WTP*，这主要是由于人们对这一问题的范围边界理解不够，同时也与人们在流域保护方面支付意愿的总预算相关。可以通过准确向被调查者强调区域和边界问题，从而尽量避免和减少 *WTP* 调查中的范围问题。

表 8-7　密云、官厅水库流域环境服务支付意愿的范围问题分析

	总支付意愿–密云水库支付意愿	总支付意愿–官厅水库支付意愿	密云水库支付意愿–官厅水库支付意愿	总 *WTP*–密云水库 *WTP*–官厅水库 *WTP*
等于零比率（％）	47.79	32.35	67.65	41.18
大于零比率（％）	52.21	67.65	28.31	8.46
小于零比率（％）	0	0	4.04	50.37

8.3.4　基于 CVM 的评估方法与生态补偿标准

由于上述给出的最大支付意愿的平均值和中值只能粗略地反映最大支付意愿的基本情况。为了进一步分析支付意愿的结构，对不同投标值在密云水库和整个流域的最大支付意愿的频率进行分析（见图 8-4 和图 8-5），依据频率计算的支付意愿的数学期望值可以更好地反映支付意愿的真实情况。从下图可以看出，选择频率最高的最大支付意愿是 10 元/户·月，其次是 5 元/户·月和 20 元/户·月。由于人们习惯选择整数，30、50、100 的投标值被选择的频率较高。

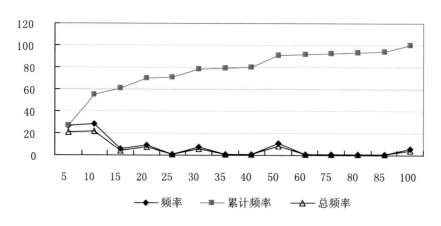

图 8-4　密云水库流域最大支付意愿分布形态

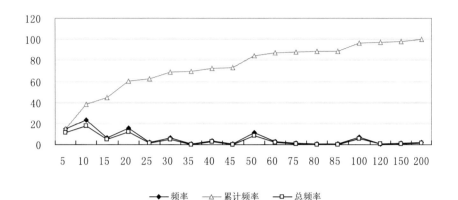

图 8-5　整个流域最大支付意愿分布形态

根据支付意愿的频率分布，可通过离散变量的数学期望公式计算得到非零支付意愿的数学期望值：

$$\mathrm{E}(WTP)_{正} = \sum_{i=1}^{n} A_i P_i \qquad (8-5)$$

式中：A 为投标值；P 为受访者选择该数额的概率；n 为投标数。

由于调查样本中有一定比例的零支付，精确的平均支付意愿需要经过一定的计量经济学处理。利用 Kritrom B 给出的 Spike 模型（Kritrom B，1991），利用下述公式计算整个样本的平均支付意愿：

$$\mathrm{E}(WTP) = \mathrm{E}(WTP)_{正} * (1-WTPR_{零}) \qquad (8-6)$$

式中：$WTPR_{零}$ 为零支付比率。

区域的最大支付意愿利用实地调查得到的人均最大支付意愿与人口的乘积得到，估算公式为：

$$P = 12 * WTP * \mathrm{househNo} \qquad (8-7)$$

式中：P 为每年最大支付额，单位为元/年；WTP 为最大支付意愿，在此用 $\mathrm{E}(WTP)$ 表示；househNo 表示上游受益区常住人口户数。

利用式（8-5），计算得出密云水库正支付意愿 $\mathrm{E}(WTP)_{正}$ 为 23.67 元/户·月。由于存在 26.44％的零支付，利用修正的式（8-6）计算得出 $\mathrm{E}(WTP)$ 为 17.41 元/户·月，年平均最大支付意愿为 208.94 元/户·年。北京市城市发展规划将北京市划分为首都功能核心区、城市功能拓展区、城市发展新区、生态涵养发展区 4 个分区，首都功能核心区、城市功能拓展区（北京城 8 区）的 2010 年常住人口是 275.6 万户，利用式（8-7），计算得到密云水库最大支付意愿的生态补偿标准是 5.7584 亿元。

利用同样方法，计算得出官厅水库正支付意愿 E（*WTP*）$_\text{正}$ 为 22.26 元/户·月。由于存在 28.83％ 的零支付，利用修正的式（8-5）计算得出 E（*WTP*）为 15.84 元/户·月，年平均最大支付意愿为 190.09 元/户·年。北京市城市发展规划将北京市划分为首都功能核心区、城市功能拓展区、城市发展新区、生态涵养发展区 4 个分区，首都功能核心区、城市功能拓展区（北京城 8 区）的常住人口是 275.6 万户，利用式（8-6），计算得到官厅水库最大支付意愿的生态补偿标准是 5.2388 亿元。

整个流域综合支付意愿的 E（*WTP*）$_\text{正}$、E（*WTP*）分别为：33.65 元/户·月、26.08 元/户·月，年平均综合最大支付意愿为 312.9338 元/户·年，流域综合最大支付意愿的生态补偿标准是 8.6245 亿元。

8.3.5 *WTP* 公共偏好分析与计量经济学验证

流域水质改善的最大支付意愿存在着公共偏好。不同收入阶层、年龄、性别和职业等对流域水质改善的认知和需求不同，最大支付意愿也存在很大差异。定量模拟 *WTP* 的公共偏好，可以为不同的政策目标的制定提供参考。由于不同的模型结构不同，模拟的结果也有差异。

同时，CVM 是否能够通过计量经济学验证，即 *WTP* 与个人社会经济信息的相关结果是否符合经济学原理，是决定 CVM 有效性的关键之一。本文以 *WTP* 非零值为因变量，受访者个人社会经济信息为自变量，对受访者 *WTP* 的决定因素进行分析。

利用支付卡引导的 *WTP* 数据可以用多种方法进行分析。标准最小二乘法（OLS）能处理 *WTP* 的值，以支付者直接选择的支付卡的点数据进行分析。断点回归是利用支付者选择的值和下一个值的中点数据（midpoint）进行回归分析。另外，支付卡引导的 *WTP* 数据是最小值为 0（零支付时）的普查数据，支付者仅仅给出正的支付值。考虑到具有普查数据的特征，Tobit 模型可以很好地应用（Halstead et al.，1991）。分位数回归模型（Quantile Regression，QR）可以更详细地描述变量的统计分布，分析不同支付层次、支付能力和收入水平人群的最大支付意愿的影响因素的不同，从而为政策制定者提供更为精准的定量参考（Tanya O'Garra & Susana Mourato，2007）。本研究利用这 3 种方法进行对比，分析 *WTP* 的决定因素及其在不同分位上的差别。

8.3.5.1 分析模型

1. Tobit 分析模型

Tobit 模型是用来解决耐用消费品支出 y_i 和解释变量 x_i 之间关系的模式，而最大支付意愿 *WTP* 是对环境服务商品（Environmental Goods）的消费。本研究通过对最小二乘法（Ordinary Least Squares，OLS）模型、Logistic 回归模拟和 Tobit 模型模拟结果的对比，选择模拟结果最优的 Tobit 模型对最大支付意愿及其影响因素进行模拟和分析。Tobit 模型通常在利用支付卡方法调查的 *WTP* 数据分析中，因为这类数据具有明显的检索数据特征。

Tobit 模型是经济学家、1981 年诺贝尔经济学奖获得者 J. 托宾（James, Tobin）1958 年在研究耐用消费品需求时首先提出来的一个经济计量学模型。

Tobit 模型假设被观察的独立变量 y_i（$i = 1, 2, \cdots, n$）满足

$$y_i = \max(0, y_i^*) \tag{8 - 8}$$

而潜变量 y^* 满足经典线性假设，可以用如下回归模型表示：

$$y^* = \beta_0 + \beta x_i + u_i, \qquad u \mid x \sim N(0, \sigma^2) \tag{8 - 9}$$

式中：y 为被解释变量；β_0 为截距项；x 为回归系数向量；β 为解释变量向量；u 为误差项；$N(0, \sigma^2)$ 表示以 0 为均值、σ^2 为方差的正态分布。Tobit 模型的基本原理如下：

设某一耐用消费品为 y_i（被解释变量），解释变量为 x_i，则耐用消费品支出 y_i 要么大于 y_0（y_0 表示该耐用消费品的最低支出水平），要么等于零。因此，在线性模型假设下，耐用消费品支出 y_i 和解释变量 x_i 之间的关系为：

$$y_i = \begin{cases} y_i^* & 若\ y_i^* \geqslant y_0 \\ 0 & 若\ y_i^* < y_0 \end{cases}$$

Tobit 模型的一个重要特征是，解释变量 x_i 是可观测的（即 x_i 取实际观测值），而被解释变量 y_i 只能以受限制的方式被观测到：当 $y_i^* > 0$ 时，取 $y_i = y_i^* > 0$，称 y_i 为"无限制"观测值；当 $y_i^* \leqslant 0$ 时，取 $y_i = 0$，称 y_i 为"受限"观测值。即，"无限制"观测值均取实际的观测值，"受限"观测值均截取为 0。

更为一般意义的模型：

$$y^* = \beta_0 + \beta x_i + u_i, (i = 1, 2, \cdots, N) \qquad u \mid x \sim N(0, \sigma^2) \tag{8 - 10}$$

其中：

$$y_i^* = \begin{cases} a & 若\ y_i \leqslant a \\ y_i & 若\ b > y_i > a \qquad 这里\ y_i \sim N(\mu, \sigma^2) \\ b & 若\ y_i \geqslant b \end{cases}$$

2. 断点回归模型

我们利用断点回归模型考虑数据的断点特征。断点回归模型指的是被调查者真实 WTP 的可能性，用字符 Y 表示，Y 可以用断点 $[BID_L, BID_H]$ 表示，假设断点 $[BID_L, BID_H]$ 可以由 $\Phi(BID_H \mid Y) - \Phi(BID_L \mid Y)$ 估算，在此 WTP 属于标准正态累积分布函数（Φ）。具体 $[BID_L, BID_H]$ 可以用调查的断点数据推出。例如，CVM 调查的中点（midpoint）（5，10，15，20，25，30，35，40，…），如果被调查者选择的 WTP 是 5，断点 $[BID_L, BID_H]$ 分别是 $[5, 10]$；如果被调查者选择的 WTP 是 17，断点 $[BID_L, BID_H]$ 分别是 $[20, 25]$。与 OLS、Tobit、Logit 相似，模型利用最大似然方程评估（Cameron 和 Huppert，1989）。

3. 分位数回归模型

分位数回归（Quantile Regression，QR）可以在整个分布维度上评估变量之间的关系，能够提供更完整的自变量和因变量之间关系的统计图。分位数回归是 Koenker 和 Bassett（1978）发展的多元分位回归模型，该模型为研究者提供了一个日益重要的工具，用于评估因变量 Y 在整个分布区域与解释变量之间的关系。对比传统的 OLS 和最大似然评估的回归模型，例如 Tobit、Logit、断点回归（Interval Regression）等，QR 方法通过分析不同分位（如 0.1，0.25，0.5，0.75，0.9）因变量及其对应的自变量的关系，能提供更完整和综合的统计关系，解释高分位和低分位因变量的主要影响因素。同时，QR 回归是离群极值（Outliers）和偏态双尾（Skewed Tails）的一种稳健的展示（Koenker and Hallock，2001），这种特征也可能特殊的应用到 CVM 中，因为在 CVM 研究中经常出现少量很高的 WTP 投标值（离群值，Outliers）和大量很小的投标值。QR 方法可以通过分别明确他们的主要决定或影响因素，更详细的评估 WTP 分布高支付值和低支付值的有效性。本研究用 QR 模拟了 WTP 在不同分位的主要影响因素。同时，为了验证这种方面的有效性，本研究利用该方法与断点回归、Tobit、OLS 的模拟结果进行了对比分析。

利用 QR 方法进行 CVM 数据的分析可以更好地揭示相关政策影响因素。例如，分析影响高分位 WTP 支付的影响因素是否也同样影响低分位 WTP 支付群体。如果影响不同，政策制定者也需要知道谁对特定政策的受益最大，是否臆想的政策接受者实际从政策中受益。QR 可以通过分析高分位最大 WTP 的决定因素，明确知道政策影响的主要群体。QR 分析的相关结果可以用于政策制定时的参考。本研究中，通过 QR 分析收入、教育、年龄、认知等不同因素对水质改善的最大支付意愿在整个 WTP 分布点影响的不同，为流域保护和生态补偿政策制定提供参考。

另外，分析和掌握什么指标驱动更高的 *WTP*（因此也是更高的政策受益者），并据此制定项目的执行方案、宣传教育材料可以获得更多的支持（更高的 *WTP*）。如果执行方案和宣传材料是依据低 *WTP* 驱动指标，则项目的执行效果没有高 *WTP* 驱动指标更有效。

Belluzzo（2004）利用 QR 分析了 CVM 双边界调查的水资源改善 *WTP* 数据，发现对于不同水管理政策的多层次影响，QR 比标准的 Logit 模型提供了更综合的结果。他指出在双尾分布中系数的统计显著性和大小的不同，表明水管理政策的受益者（在右尾）和损失者（在左尾）也许被非常不同的因素驱动。

OLS、Tobit、Logit 和断点回归方法模型都假设解释变量沿着因变量整个分布的影响是同质的，这也许不能足以证明因变量真正的影响而不是平均影响，OLS 等方法给出的是平均影响（Koenker & Bassett，1978；Koenker，2003）。在 *WTP* 研究案例中，QR 模型是：

$$WTP_i = X_i\beta_\theta + u_{i,\theta}$$
$$Quant_\theta(WTP_i \mid X_i) = X_i\beta_\theta$$

式中：X_i 是外生变量的向量，β_θ 是被评估的向量参数。$\mu_{i,\theta}$ 为误差项。$Quant_\theta(WTP_i \mid X_i)$ 指对应 X_i 的 WTP_i 的分位数。为了评估分位数，当 $0 < \theta < 1$ 时，可以利用线性回归方程解决，如下：

$$\min b_\theta \Big[\sum_{i:\, WTP_i \geq X_i\beta} \theta \mid WTP_i - X_i\beta_\theta \mid + \sum_{i:\, WTP_i < X_i\beta} (1-\theta) \mid WTP_i - X_i\beta_\theta \mid \Big]$$

式中：b_θ 是评估系数，QR 方程是最小化绝对残差值的权重之和。通过 θ 的变化，在 *WTP* 分布的任何分量的系数都能够被评估。QR 回归中的系数可以解释为与 OLS 系数评估相似的方法。例如，*WTP* 收入回归中，第 25 分位收入的系数（$\theta = 0.25$）给出当收入边际变化被给定时 *WTP* 的边际变化。

QR 模型被用于经济、教育等方面的分析（Bauer and Haisken – DeNew，2001），工资收入的决定因素和工资的不公平性（Martins and Pereira，2004）和收入收敛性增长等方面（Mello and Perrelli，2003），在环境经济价值评估方面的研究主要是 Belluzzo（2004）利用 QR 模型，并结合 OLS 和最大似然评估方法对比分析 CVM 支付卡数据，揭示影响水资源管理 *WTP* 的主要决定因素。O' Garra 和 Mourato（2007）利用 QR 模型研究了伦敦引入氢气清洁公交系统增加的 *WTP* 及其决定因素。

8.3.5.2 研究结果：*WTP* 的公共偏好和可靠性验证

通过多次初步拟合，我们从许多可能影响 *WTP* 的指标中选择 10 个指标拟合度好的指标分析 WTP。指标的定义和描述性统计如表8-8所示。

表8-8 解释变量描述性统计

指标	指标描述	观察值 N	Mean	Std. Dev.	Min	Max
WTP_ MIYUN	Max WTP	329	18.89	35.667	0	500
KNOW	假设:1表示被调查者知道密云水库是北京市水源区;0表示不知道	326	1.29	0.457	1	2
ENVIMPORTANT	环境的相对经济的重要性,1非常重要,5非常不重要	325	1.59	0.787	1	5
IMPROVE WQ	假设:1表示被调查者购买瓶装水以改善水质;0表示被调查者不购买瓶装水以改善水质	326	1.33	0.472	1	2
DEMWATQ	假设:1表示被调查者有改善水质的需求;0表示被调查者没有改善水质的需求	328	1.18	0.383	1	2
Gender	1表示男性;0表示女性	329	0.41	0.493	0	1
Age	被调查者的年龄,年龄≥18	326	35.56	11.959	18	73
Edu	被调查者受教育的年龄	324	14.66871	3.433868	2	23
Housholdincom	被调查者户均收入（Yuan/户·月)	329	7267.173	4776.358	1000	40000
Ocupation	被调查者的职业 1 政府工作人员 2 NGO和私有公司工作人员 3 商人、医生或者律师等个人营业者 4 工人、农户和服务人员 5 其他人:非雇佣、学生、全职在家和退休等人员	329	4.7	3.947	0	5

可以看出,密云水库支付意愿的中位值是10元/户·年,最小值0,最大值500元/月·户。被调查者的年龄处于18~73岁,平均35.56岁,平均受教育年限14.7年,最高23年（博士学位）,最低2年,被调查者户均家庭收入最低1000元/户,最高40000元/户。

本研究选择以上10个变量作为自变量,密云水库最大支付意愿 WTP 为因变量，利用 Stata11.2 软件对 3 种模型进行模拟。利用双边审查（double censored）的 Tobit 模型对 *WTP* 进行模拟。由于根据原始数据统计，只有一个人选择大于 100 元/月·户。故 Tobit 回归的截断点分别选取为 0 和 100。实际调查 *WTP* 是被调查者支付意愿的中点数据，结合支付卡推导出断点的 BID_L 和 BID_H，进行断点回归模拟。为了进行分位数分析，我们计算了不同分位数上 *WTP* 的值。分位数回归仅选择正 *WTP*，观察值 242。为了进行分位数分析，我们计算了不同分位数上 *WTP* 的值（见表 8-9）。

表 8-9　在不同分位数上 *WTP* 的分布

分位数	分位值	最小值	分布指标	指标对应值
1%	5	5		
5%	5	5		
10%	5	5	观察值（N）	242
25%	10	5	权重和（Sum of Wgt）	242
50%	10		均值	25.68
		最大值	标准差	39.45
75%	30	100		
90%	50	100	方差	1556.28
95%	100	100	偏度	7.62
99%	100	500	峰度（Kurtosis）	87.88

表 8-9 给出了分位数以及每一个分位数所对应的 *WTP* 的值，这个值是用支付卡断点数据的中点（mid-points）计算得到的，不同分位数上的分位值分别是 5、10、30、50、100，同时给出了最大值、最小值。我们利用 Stata 11.2 软件模拟 Tobit、断点回归和分位数回归模型，分析 *WTP* 的主要决定因素，分析不同模型的显著性差异。同时，分析 QR 模型在不同分位上影响因子的显著性差异。

Tobit 模型模拟中有 307 个观察值参与运行，包括正 *WTP* 和零支付 *WTP*。QR 模拟可以利用标准误差或者稳健的引导（Robust）。对比 QR_ 50 和最后一列 Robust 的 BSQR_ 50，利用默认方法 QR_ 50（qreg）都得出标准误差比稳健的回归 BSQR_ 50（bsqreg，reps（400））的标准误差小 10% ~ 50%。因此，我们主要运用默认的标准误差运行 QR 模型。

整体上，Tobit 模型与指标拟合的结果比断点模型更优，模拟的结果有更多指标具有显著性，与 QR 模拟结果有一定的相似性。正如预料，断点模型、Tobit

模型与 QR 模型结果都显示：平均 WTP 与家庭收入在 1％上具有显著性，系数为正值，呈正相关关系，说明收入是 WTP 的重要影响因素，且多个研究结果相同（Bateman，I.，R. T. Carson，B. Day，2002；郑海霞，张陆彪，2006；张志强，徐中民，王建，2001；杨凯，赵军，2005）。同时，断点模型和 Tobit 模型均显示，性别也与 WTP 在 10％的显著性上呈正相关关系，说明男性的支付意愿强于女性（见表 8–10）。

在断点模型中，WTP 还与教育年限（x_7）呈正相关关系。在 Tobit 回归模型中，WTP 与环境相对经济的重要性（x_2）呈正相关关系，与年龄（x_6）、是否知道密云水库是北京市水源（x_1）、购买瓶装水以改善水质（x_3）等因素呈负相关关系。令人奇怪的是，知道密云水库是北京市水源的被调查者反而支付的更少，这可能是因为密云水库近 10 年水量减少和水质恶化。

分位数回归分析的结果揭示了更有趣的发现，在 Tobit 分析和断点回归分析中许多不显著的指标，在 WTP 分布的某些分位上也变得显著了。例如，被调查者具有水质改善需求（x_4）在 Tobit 分析和断点回归分析中均不显著，在高分位 99％上却变得非常显著（1％）。同时，环境相对经济的重要性（x_2），购买瓶装水以改善水质（x_3），具有水质改善的需求（x_4）、年龄（x_6）在断点回归中均不显著影响 WTP，但是在高分位 99 分位上却是存在 1％的显著——这表明这些指标不是平均 WTP（mean WTP）的决定性因素，但是却在高分位投标值上具有显著影响。因此，高分位上具有显著影响的指标及回归系数决定的影响程度，可以为政策的制定提供参考。

同时，从 QR 模型在不同分位数上具有显著性指标的对比分析，可以看出：

（1）仅仅有 1 个指标在所有分位上都显著——家庭收入。家庭收入对 WTP 具有正向的、显著的影响。

（2）影响低分位的指标和高分位的指标不同：除了家庭收入以外，在低分位上仅仅环境相对经济的重要性（x_2）在 25 分位上、具有水质改善的需求（x_4）在 10 分位上具有显著性，在中位数之后，具有显著性的指标增加。这主要是由于低分位上的支付仅仅是家庭月均收入中很少的一部分，这也与国际上相关研究结果相似（G. D. Garrod and K. G. Willis，1999）。

（3）在不同分位上指标的正负影响发生转变，例如是否知道密云水库是北京市水源（x_1）、购买瓶装水以改善水质（x_3）在 Tobit 分析中呈负相关关系，在最后的高分位 99 分位上呈正相关关系，这也与基本的常理判断相符，这也表明分位数回归模型比 Tobit 回归以及其他利用似然法开展的回归更符合实际情况。

（4）结果也表明，反映收入和环境态度的 10 个指标在右尾高分位上对 *WTP* 均具有重要影响，在 1％上显著性。除了年龄显示负相关以外，其他因素都具有正相关关系，这也与 *WTP* 及其影响因素的经济学理论预期相符，也反映了调查结果的有效性和可靠性。这也从另一个角度说明，通过大量陈述性方法的调查获取的 *WTP* 确实具有多种不同的驱动，也反过来暗示在 CVM 调查中解释变量的同质性（homogeneity）影响并不总是存在，本研究所选择的 10 个指标不具有同质性。

研究结果正如所料，QR 模型在支付卡数据的价值评估中具有明显的优势。

所选择的 10 个指标均在右尾高分位上对 *WTP* 具有重要显著性影响。除了年龄显示负相关以外，其他因素都具有正相关关系，这与 *WTP* 及其影响因素的经济学理论预期相符，也检查了调查结果具有有效性和可靠性。

表 8-10　密云水库水质水量改善的断点回归，Tobit 和分位数回归分析(n = 307, 242 for QR)

Variable		Intreg	Tobit	QR_10	QR_15	QR_20	QR_25	QR_50	QR_75	QR_90	QR_95	QR_99	BSQR_50
PERWAT	Coef	-8.142	-6.312	0.145	0.152	-1.200	-1.546	-1.891	-5.184	-19.337	-11.474	17.186	-1.891
	S. E.	4.452	3.024	0.288	1.088	1.295	1.097	2.024	5.311	10.586	101.903	0.582	2.277
	t	-1.83*	-2.09**	0.5	0.14	-0.93	-1.41	-0.93	-0.98	-1.83*	-0.11	29.53***	-0.83
ENVIMPT	Coef	2.533	4.505	0.195	0.804	0.941	1.941	5.268	10.740	13.655	6.693	-11.824	5.268
	S. E.	2.516	1.713	0.195	0.820	0.857	0.673	1.184	3.421	5.490	60.407	0.329	3.333
	t	1.01	2.63***	1	0.98	1.1	2.88***	4.45***	3.14***	2.49*	0.11	35.89***	1.58
BUYBOTWAT	Coef	-0.639	-6.415	-0.301	-1.449	-1.577	-1.090	-0.199	-3.655	-10.130	-13.420	70.904	-0.199
	S. E.	4.296	2.920	0.346	1.119	1.357	1.090	1.977	5.380	9.130	126.176	0.566	2.267
	t	-0.15	-2.2**	-0.87	-1.3	-1.16	-1	-0.1	-0.68	-1.11	-0.11	125.37***	-0.09
DEMWATQ	Coef	-7.185	-5.554	0.876	2.486	2.812	2.056	1.814	-1.270	-7.764	-10.342	33.466	1.814
	S. E.	5.434	3.690	0.510	1.625	1.789	1.496	2.755	7.328	10.082	82.081	0.797	3.632
	t	-1.32	-1.51	1.72*	1.53	1.57	1.37	0.66	-0.17	-0.77	-0.13	42.01***	0.5
Gender	Coef	7.741	4.589	0.477	0.921	0.437	1.094	1.947	4.908	3.961	11.156	78.567	1.947
	S. E.	4.016	2.731	0.312	1.058	1.225	1.005	1.805	4.900	9.498	123.166	0.513	2.333
	t	1.93*	1.68*	1.53	0.87	0.36	1.09	1.08	1	0.42	0.09	153.3***	0.83
Age	Coef	-0.136	-0.210	-0.008	0.005	-0.041	-0.048	-0.136	-0.392	-0.640	-0.173	-0.745	-0.136
	S. E.	0.181	0.123	0.012	0.048	0.051	0.044	0.080	0.222	0.321	3.466	0.023	0.093
	t	-0.75	-1.71*	-0.65	0.09	-0.79	-1.09	-1.69*	-1.76*	-1.99**	-0.05	-32.64***	-1.460
Edu	Coef	1.280	0.501	0.027	0.200	0.219	0.270	0.207	0.556	1.022	1.964	5.469	0.207
	S. E.	0.723	0.492	0.059	0.180	0.225	0.172	0.304	0.810	1.731	15.302	0.087	0.355

续表

Variable		Intreg	Tobit	QR_10	QR_15	QR_20	QR_25	QR_50	QR_75	QR_90	QR_95	QR_99	BSQR_50
Househdincom	t	1.77*	1.02	0.46	1.11	0.97	1.57	0.68	0.69	0.59	0.13	63.02***	0.580
	Coef	0.002	0.001	0.0002	0.0003	0.0004	0.001	0.001	0.003	0.004	0.005	0.019	0.001
	S.E.	0.000	0.000	0.000	0.000	0.000	0.000	0.000	0.001	0.001	0.011	0.000	0.0004
	t	4.55***	4.59***	8.07***	2.27**	2.67***	5.79***	7.12***	7.16***	5.6***	0.48	361.9***	3.18***
Occupation	Coef	0.436	-1.022	-0.047	-0.414	-0.389	-0.137	-0.406	-0.233	-0.670	-1.591	4.810	-0.406
	S.E.	1.483	1.008	0.105	0.406	0.476	0.368	0.662	1.914	3.828	34.479	0.187	0.827
	t	0.29	-1.01	-0.45	-1.02	-0.82	-0.37	-0.61	-0.12	-0.17	-0.05	25.74***	-0.490
_cons	Coef	4.921	25.797	2.901	-0.147	3.356	0.203	0.542	9.228	59.909	43.822	-237.255	0.542
	S.E.	19.225	13.071	1.308	5.173	6.081	4.523	8.120	20.796	43.767	446.276	2.342	8.999
	t	0.26	1.97**	2.22**	-0.03	0.55	0.04	0.07	0.44	1.37	0.1	-101.3***	0.060
lnsigma | sigma		87.10***	23.77***										
Log likelihood		-1016.904	-1361.011										
LR chi2(9)		45.35	62.39										
Pseudo R²			0.0224										

注：* 在 10% 水平上显著；** 在 5% 水平上显著；*** 在 1% 水平上显著。

8.4 基于发展权限制评估方法与生态补偿标准

由于下游流域改善环境，为上游提供额外的清洁水源的环境服务，对工农业的发展形成了一定的限制，例如关闭和拒批了一批污染较大的企业，实行稻改旱、退耕还林等一系列政策，从而影响了区域经济的发展。因此，本研究利用工业发展限制损失和农业发展限制损失估算发展权限制的损失。

8.4.1 评估模型构建

由于限制企业发展造成的经济损失及其对地区经济的影响难以精确统计和确定，利用相邻县市居民的人均可支配收入和研究省份人均可支配收入对比，给出相对其他条件相近的县市居民收入水平的差异，从而反映发展权的限制可能造成的经济损失，作为补偿的参考依据。补偿测算公式如下：

$$P = L_U + L_R \tag{8-11}$$

式中：P 表示年度补偿额度；L_U 表示城镇居民可支配收入的损失；L_R 表示农民纯收入的损失。L_U 用于评估生态补偿政策执行后，城镇居民可支配收入水平的变化，用如下方法估算：

$$L_U = \frac{\sum_{i=1}^{n} (L_i * Pop_i - L_i' * Pop_i')}{n} \tag{8-12}$$

式中：L_U 表示水源区县市第 i 年城镇居民可支配收入的损失；L_i 表示参考县市相对上一年度城镇居民可支配收入；L_i' 表示水源区县市相对上一年度城镇居民可支配收入；Pop_i 表示参考县市城镇在岗职工人口；Pop_i' 表示水源区县市城镇在岗职工人口；n 表示政策执行后评估的年限。

同样的方法计算得到 L_R，评估公式为：

$$L_R = \frac{\sum_{i=1}^{n} (C_i * Pop_i - C_i' * Pop_i')}{n} \tag{8-13}$$

式中：C_i 表示参考县市相对上一年度农民纯收入；C_i' 表示水源区县市相对上一年度农民纯收入。

8.4.2 结果分析

估算上游水源区发展权限制的损失，首先需要选择相邻发展水平和产业结构相似的县市，对赤城相邻的 6 个县市的国内生产总值多年变化进行对比，发现经济总量相近的县市包括涿鹿、淮安、沽源和崇礼 4 县（见图 8-6）。同时，进一步分析，发现涿鹿县与赤城县产业结构最为相似，生态补偿政策执行之前 2003 年涿鹿县第一、二、三产业所占比例分别为 32.55％、36.80％、30.65％，赤城县分别是：34.68％、31.16％、34.16％，三产发展比较平衡。政策执行之后 2007 年涿鹿县第一、二、三产业所占比例分别为 31.88％、30.85％、37.27％，第二产业所占比例略有减少，第三产业得以发展，赤城县三产百分比分别为 29.77％、38.45％、31.78％，第一产业降低，第二产业得到发展，但是总体上看，三产比例差别不大，总体上三产发展比较平衡，仍然属于产业结构相对比较落后的类型（见图 8-7 和图 8-8）。

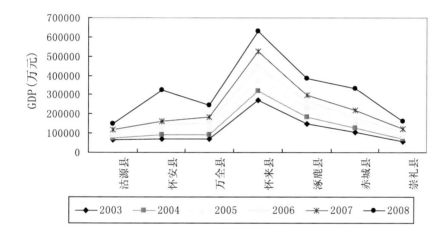

图 8-6　赤城县相邻县市 GDP 多年变化

表 8-11　赤城县对参照县市城镇居民可支配收入的损失

	2003—2002	2004—2003	2005—2004	2006—2005	2007—2006	2008—2007	2008—2002
	△L1	△L2	△L3	△L4	△L5	△L6	Average
沽源县	−1737	1958	−9034	7654	−3001	−1156	−886
淮安县	518	3993	−9576	5495	−2061	1898	45
万全县	−120	1161	−8276	9807	−1208	1239	434
怀来县	1379	39	−18131	18889	−2750	3476	484
涿鹿县	2247	7686	−15976	16347	−929	−1185	1365
赤城县	0	0	0	0	0	0	0
崇礼县	45	1712	−7869	10753	−4230	−1357	−158

根据上述公式（8-12）和式（8-13），分别计算出赤城县农民城镇居民可支配收入和农民纯收入的损失（见表8-11和表8-12），可以看出，选取的6个县市中，沽源和崇礼县城镇居民收入增长的速度落后于赤城县，其他县市都快于赤城县，根据上面对经济发展相似度的分析，涿鹿县在生态补偿政策执行之前，经济发展水平和经济结构与赤城县最相似，选取涿鹿县作为参考县市，评估赤城县对参照县市城镇居民可支配收入平均损失是1365万元/年，农村居民纯收入的平均损失是1505万元/年，合计机会成本损失是2870万元/年。

表8-12　赤城县对参照县市农民纯收入的损失

| | 2003—2002 | 2004—2003 | 2005—2004 | 2006—2005 | 2007—2006 | 2008—2007 | 2008—2002 |
	△C1	△C2	△C3	△C4	△C5	△C6	Average
沽源县	3463	355	−1942	6575	−2109	−3789	425
怀安县	3010	−4126	−5062	11248	−1209	−3509	59
万全县	2250	−2435	−3127	7283	852	−2471	392
怀来县	309	7038	−31132	33845	5563	2734	3060
涿鹿县	2012	5182	1603	423	250	−444	1505
赤城县	0	0	0	0	0	0	0
崇礼县	102	−2076	253	1531	−923	−4825	−990

同样利用经济总量和经济结构相似度的方法，选取丰宁县和滦平县参照县市分别是隆化县和承德县。丰宁相对于生态补偿政策前的2002年经济发展水平比较接近的隆化县城镇居民可支配收入的影响不大，损失平均为12万元/年，农民纯收入的损失达到2195万元/年，远高于城镇居民可支配收入的损失，这也与生态补偿政策实际执行过程中对农村的影响更大有关。总体机会损失平均达到2207万元/年（见表8-13和表8-14）。

表8-13　丰宁县对参照县市城镇居民可支配收入的损失

| | 2003—2002 | 2004—2003 | 2005—2004 | 2006—2005 | 2007—2006 | 2008—2007 | 2008—2002 |
	△L1	△L2	△L3	△L4	△L5	△L6	Average
承德县	1271	−3649	5552	772	3043	−904	1014
兴隆县	627	−3301	2945	45	1796	−983	188
平泉县	−815	−1663	5880	84	935	3850	1378
滦平县	15	−2724	1833	−1778	−2979	405	−871
隆化县	297	−486	−429	455	−1412	1648	12
丰宁满族自治县	0	0	0	0	0	0	0

	2003—2002	2004—2003	2005—2004	2006—2005	2007—2006	2008—2007	2008—2002
	△L1	△L2	△L3	△L4	△L5	△L6	Average
宽城满族自治县	1343	−2207	5434	1087	4599	−2118	1356
围场满蒙自治县	2223	−161	411	−814	2892	−4487	10

表8–14　丰宁县对参照县市农民纯收入的损失

	2003—2002	2004—2003	2005—2004	2006—2005	2007—2006	2008—2007	2008—2002
	△C1	△C2	△C3	△C4	△C5	△C6	Average
承德县	1291	9622	3103	201	−933	1236	2420
兴隆县	881	6383	824	2138	−423	458	1710
平泉县	−9064	8263	−404	2216	118	1013	357
滦平县	−1622	6511	−1785	1597	−5476	−3790	−761
隆化县	90	9498	−149	−270	705	3298	2195
围场满蒙自治县	0	0	0	0	0	0	0
宽城满族自治县	−2712	5307	2077	575	−2362	−1314	262
丰宁满族自治县	−1620	7645	865	54	−723	225	1074

滦平县经济发展速度落后于承德市所辖的所有县市，相对于生态补偿政策前的 2002 年经济发展水平比较接近的承德县发展差距逐渐扩大，相对于参考县市承德县城镇居民可支配收入的损失总体呈递增状态，平均为 1885 万元/年，农民纯收入的损失达到 3181 万元/年，高于城镇居民的损失，总体机会损失平均达到 5066 万元/年（见表 8–15 和表 8–16）。

表8–15　滦平县对参照县市城镇居民可支配收入的损失

	2003—2002	2004—2003	2005—2004	2006—2005	2007—2006	2008—2007	2008—2002
	△L1	△L2	△L3	△L4	△L5	△L6	Average
承德县	1256	−925	3719	2550	6022	−1309	1885
兴隆县	612	−577	1111	1823	4775	−1388	1059
平泉县	−830	1061	4047	1863	3914	3445	2250
滦平县	0	0	0	0	0	0	0
隆化县	283	2238	−2262	2234	1567	1243	884
丰宁县	−15	2724	−1833	1778	2979	−405	871

	2003—2002	2004—2003	2005—2004	2006—2005	2007—2006	2008—2007	2008—2002
	△L1	△L2	△L3	△L4	△L5	△L6	Average
宽城县	1329	517	3601	2865	7578	−2523	2228
围场县	2208	2563	−1422	964	5871	−4892	882

表 8-16　滦平县对参照县市农民纯收入的损失

	2003—2002	2004—2003	2005—2004	2006—2005	2007—2006	2008—2007	2008—2002
	△C1	△C2	△C3	△C4	△C5	△C6	Average
承德县	2914	3111	4888	−1396	4544	5026	3181
兴隆县	2503	−128	2609	542	5053	4248	2471
平泉县	−7442	1752	1381	620	5595	4802	1118
滦平县	0	0	0	0	0	0	0
隆化县	1713	2987	1636	−1867	6181	7088	2956
丰宁县	1622	−6511	1785	−1597	5476	3790	761
宽城县	−1090	−1204	3862	−1021	3114	2476	1023
围场县	2	1134	2650	−1543	4753	4014	1835

8.5 小结

通过 3 种方法对密云、官厅水库流域环境服务价值评估，并对支付意愿与支付方式进行分析与模拟，得到几点结论：

（1）3 种方法评价结果的相差较大，基于机会成本损失的补偿最低，最大支付意愿的评估结果最高。利用水资源效益价值法评估得到的赤城县综合用水效率是 1.59 元/立方米。基于水资源量的效益价值评估的生态补偿标准是 1.4946 亿/年。

利用 Kritrom B 修正的模型计算得出密云水库 E（WTP）为 17.41 元/户·月，年平均最大支付意愿为 208.94 元/户·年。密云水库最大支付意愿的生态补偿标准是 5.7584 亿元。利用 Kritrom B 修正的模型计算得出官厅水库 E（WTP）为 15.84 元/户·月，年平均最大支付意愿为 190.09 元/户·年。官厅水库最大支付意愿的生态补偿标准是 5.2388 亿元。整个流域综合支付意愿的 E（WTP）正、E（WTP）分别为：33.65 元/户·月、26.08 元/户·月，年平均综合最大支付意愿为 312.9338 元/户·年。流域综合最大支付意愿的生态补偿标准是 8.6245 亿元。环境服务支付意愿存在范围问题（Scale Matter），综合支付意愿和密云水库支付意愿接近。

赤城县机会成本损失是 2870 万元/年，丰宁总体机会损失平均达到 2207 万元/年，滦平县总体机会损失平均达到 5066 万元/年。

（2）从认知程度、满意与信任程度、保护意识、重要程度、支持力度 5 个方面对密云水库流域生态补偿问题进行调查，结果显示：对流域环境保护和水质影响健康状况的认知程度并不高，只有 70％左右的被调查者知道密云水库是北京市饮用水源，知道水质差可能造成疾病和为改善水质而购买瓶装水的被调查者分别占 61.14％和 65.8％。对供水服务的满意程度和对水利管理部门的信任程度处于居中偏差的水平。几乎所有被调查者都有流域保护意识，认为环境服务是有价的，认为环境相对于经济是重要的。

（3）同时对流域环境服务的支付方式进行调查，结果显示：选择适当增加水费、电费，再转移给上游的比例最高，占被调查者的 36％。其次是交生态保护税作为专款，占 28％。这个结果与世界银行"生态有偿服务在中国：以市场机制促进生态补偿"中提出的观点相互印证。

（4）通过对比分析断点回归模型、Tobit 模型和分位数回归（Quantile Regression，QR）模型方法，模拟流域水质改善 WTP 的公共偏好与可靠性，结果显示：

①断点回归模型、Tobit 与 QR 模型结果都显示：平均 WTP 与家庭收入在 1％上具有显著正相关，进一步印证了收入是 WTP 的重要影响因素。

②Tobit 模型拟合的结果比断点回归模型更优，有更多指标具有显著性，与 QR 模拟结果有一定的相似性。

③ QR 模型在高分位和低分位上受影响的解释变量不同，除了家庭收入以外，在低分位上仅仅环境相对经济的重要性（x_2）、具有水质改善的需求（x_4）具有显著性，在中位数之后，具有显著性的指标增加，这主要是由于低分位上的支付仅仅是家庭月均收入中很少的一部分。

④所选择的 10 个指标均在右尾高分位上对 WTP 具有重要显著性影响。除了年龄显示负相关以外，其他因素都具有正相关关系，这与 WTP 及其影响因素的经济学理论预期相符，也检查了调查结果具有有效性和可靠性。研究结果正如所料，QR 模型在支付卡数据的价值评估中具有明显的优势。

流域生态补偿实施效果和主要驱动力分析

9.1 生态补偿项目实施效果

生态补偿项目可以分为两类项目，一类是以各种大型项目为载体开展的生态补偿合作共建，重大项目包括：《21世纪初期（2001—2005年）首都水资源可持续利用规划》、《海河流域水污染防治规划》、《京津风沙源治理工程规划》等，这类项目是以各级政府为主导进行生态建设，当地居民和农户直接参与的较少，对农户的家庭收入和生活影响也较小，执行的效果反映了机构的效率；另一类是以退耕还林还草、稻改旱为代表的项目，这类项目由地方政府辅助执行，农户直接参与，政策执行的效果和公平性对农户家庭收入和生活生产造成直接的影响。

课题通过对政府部门的机构调查和收集资料，宏观上评价以项目开展的生态补偿项目的执行效果，评价效果受到资料的限制。《21世纪初期（2001—2005年）首都水资源可持续利用规划》项目实施8年来，国家共下达河北省93个项目的投资计划，占项目总数的50％，累计下达投资20.55亿元，占规划总投资的51.5％。已建成节水灌溉面积96.4万亩，治理水土流失面积2247平方公里，河道、堤岸综合整治123公里。张家口主城区、宣化区和怀来县3个污水处理厂已建成投入运行，39家重污染企业得到治理。

从实际效果看，以中央财政转移支付开展生态补偿，使官厅水库和密云水库上游区的生态环境得到一定改善，官厅水库到2007年8月恢复了饮用水源地功能。但由于受气候持续干旱和部分项目安排不尽合理的影响，《21世纪初期（2001—2005年）首都水资源可持续利用规划》确定的2005年目标没有如期实现，根据中期评估专家的意见，非水利项目和水土保持项目不再予以实施，规划延长至2010年，并调整了水量和水质控制目标。2006年，海委编制的《规划调整方案》提出：遇连续偏枯系列年时密云水库上游省界控制断面的下泄水量指标为：平水年入库水量不少于4.5亿 m³，一般枯水年不少于3.0亿 m³，特殊枯水年不少于 2.0 亿 m³。官厅水库水质目标由原《21 世纪初期（2001—2005 年）首都水资源可持续利用规划》提出的力争达到Ⅱ类，调整为 2010 年达到Ⅲ类；密云水库水质目标仍为Ⅱ类（宋建军，2009）。

《21 世纪初期（2001—2005 年）首都水资源可持续利用规划》、《京津风沙源治理工程规划》都是非常大的综合生态环境治理工程，涉及的子项目非常多，如果对各个部分的实施效果都进行评估非常难。本研究以滦平县为例，调查两个项目中的水土保持生态建设项目进行水源区水土流失治理和生态防护林保护方面的实施情况。

滦平县地处冀北燕山山脉中段，主要分布在滦平断陷盆地，面积 3213km²，属八山一水一分田的低山丘陵区，总的趋势是中部滦河河谷一带较低，四周为低中山环绕，有滦平盆地之称。属侵蚀构造浅切割中山和山间宽谷地形，侵蚀构造——侵蚀堆积地貌类型，有滦河、兴洲河、伊逊河、潮河四条较大河流，分属滦河、北三河两大水系，滦河水系与北三河水系的分水岭沿西北东南向伸延，东部的滦河、伊逊河，中部的兴洲河属于滦河水系，西部的潮河属于北三河水系，即密云水库上游的主要水系。各河流河谷一般比较狭窄，河曲度大，迂回在崇山峻岭之间，地形切割强烈，而且山地多由古老的结晶岩组成，透水性很弱，河床坡度陡，地表径流排泄快，易自然排泄，每遇大雨，易产生强大径流，引起山洪暴发，水位猛涨，并携带大量泥沙，水土流失较严重。

滦平县属中温带向暖温带过渡、半干旱半湿润、大陆性、季风性、燕山山地气候，各地降水及下垫面因素差别较大，降水、径流的年际变化大，少水年和多水年持续出现，降水和径流随纬度增加而递减，6~9 月份降水量占全年 80%，7~10 月径流量占全年 73%，最大年径流量是最小年径流量 7~13 倍，多年平均降水量 564.4mm，多年平均径流深 93.8mm，多年平均径流系数 0.166。水资源时空分布不均，多集中在汛期于河谷地带，多年平均自产水资源 3.22 亿 m³，其中地表水 3.01 亿 m³，地下水为 1.14 亿 m³，重复计算量 0.93 亿 m³，入境水资源 7.92 亿 m³，人均水资源占有量为 960 m³，约为全国人均的 1/3。因此，滦平县属于水资源匮乏、时空分布不均和水土流失严重的半干旱半湿润地区。

滦平县农村居民人均纯收入 3142 元，属于经济发展水平落后的地区。滦平县土地利用以荒山荒坡、林地和草地为主，荒山荒坡面积占土地面积的 48%，耕地仅占 8% 左右（见图 9-1）。生态补偿政策实施前，山区居民荒山砍柴放牧、坡地开垦现象比较严重，加剧了水土流失。作为北京市主要的水源地和风沙源地，通过植树造林、封山育林、退耕、禁牧等措施实现水源区的生态修复是流域环境保护的主要措施。

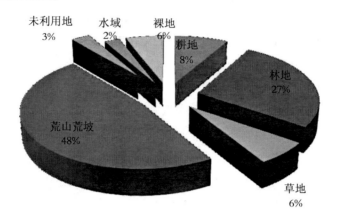

图9-1　滦平县土地利用现状

在21世纪首水规划和京津风沙源治理工程项目的实施过程中，滦平县通过造林、补植、封育、禁牧、建设农村新能源等多项措施相结合，实现流域生态修复。21世纪初期首水规划项目在滦平县的小流域治理项目区总面积103407公顷，通过工程措施和生物措施实现流域治理面积69437.3公顷，占67.15％，工程投资20630.17万元（见表9-1），实现平均投资效益2971元/公顷。

表9-1　滦平县21世纪初期首都水资源可持续利用项目流域水土保持工程表（单位：hm²）

项目区名称	项目区面积	治理面积	治理面积比（％）	治　　　理　　　措　　　施							封育治理	工程投资（万元）
				工程措施					植物措施			
				梯田	护坝（km）	谷坊坝（道）	灌溉工程（处）	临时工程（m）	野生林	经济林		
合计	103407	69437.3	67.15	2105.73	67.01	7220	14	93721	28481	11855.1	27761	20630.17
土城	8350	7840	93.89	376.02	8.56	654	3		2401	1686.65	3376.55	2341.00
张家沟门	10991	7257.3	66.03	546.1	8.47	397	3	7000	421.4	2039.31	4250.54	2121.31
东营	15088	9189	60.9	229.99	4.69	893		29020	2850	3057.99	3051.1	2739.20
古城川	11519	9200	79.87	148.19	9.77	484		8181	6500	2851.11	484	2741.12
金牛山	13129	9654	73.53	208.27	10.27	668	2	12400	4631	509.14	4305.37	2867.76
营坊	13824	9797	70.87	302.93	7.22	1425	2	13000	3850	918.83	4707.82	2908.11
北店子	17124	7500	43.8	155.92	8.91	1032	2	8840	3678	484.87	3180.91	2232.07
金台子	13382	9000	67.25	138.31	9.13	1667	2	15280	4150	307.19	4404.71	2679.60

　　京津风沙源治理项目在滦平的治理面积为 333 平方公里，但是到 2005 年项目执行的治理面积仅达到规划面积的 24.94％（见表 9-2）。利用滦平县潮河流域所属的 11 个乡镇的历年京津风沙林建设数据计算得到上游流域的建设和投资规模，可以看出，封山育林和飞播造林面积和投资都较大，分别达到总数的 88.6％和 85.9％（见表 9-3）。

表 9-2　滦平县 2001—2010 年京津风沙源治理项目水土保持工程

年度	治理面积（km²）	治理措施								封育治理（千亩）	国家投资（万元）
		工程措施					植物措施				
		梯田（亩）	沟坝地（亩）	护坝（km）	谷坊坝（道）	临时工程（km）	乔木林（千亩）	灌木林（千亩）	经济林（千亩）		
2001-2010 规划	333										6660
2001-2004 完成	63	681.6	519	18.6	663	17.2	10.7	23.8	45.2	13.7	1260
2005 在建	20	205.2		3590	71	3	29.8		1.1	14.3	460

表 9-3　滦平县潮河流域历年京津风沙源治理林业建设规模投资（单位：万元、亩）

年度	总计		人工造林		封山育林		飞播造林		种苗基地		农田林网	
	面积	投资	面积	投资	面积	投资	面积	投资	面积	投资	面积	投资
	395056	3593.4	43537	447.05	159954	1158.18	190000	1930	130	28.64	1435	29.53
2000	22785	293.20	0	0	2655	24.56	20000	240	130	28.64	0	0
2001	4804	47.48	0	0	4804	47.48	0	0	0	0	0	0
2002	23757	249.95	0	0	22322	220.42	0	0	0	0	1435	29.53
2003	63436	495.72	0	0	33436	135.72	30000	360	0	0	0	0
2004	20000	190.00	0	0	0	0	20000	190	0	0	0	0
2005	84313	687.84	0	0	64313	497.84	20000	190	0	0	0	0
2006	48582	482.98	8582	102.99	0	0	40000	380	0	0	0	0
2007	12424	92.16	0	0	12424	92.16	0	0	0	0	0	0
2008	71755	640.81	21755	215.81	20000	140	30000	285	0	0	0	0
2009	43200	413.26	13200	128.26	0	0	30000	285	0	0	0	0

为了进一步分析京津风沙源治理项目的执行效果，根据表9-3估算风沙源建设项目的成本效益和项目类型分布，可以看出人工造林的平均成本效益是102.68元/亩，封山育林是72.41元/亩，飞播造林平均是101.58元/亩，远远高于国家规定的标准，例如封山育林的国家补贴只有5元/亩。从表9-4可以看出，风沙林治理以封山育林和飞播造林为主，2000—2009年各年面积分别占总数的40％和48％，其次是人工造林，占11％。封山育林和飞播造林两种项目的经济和生态效益短期难以评估，长期可以从水土流失治理面积反映出项目实施的生态效果。

表9-4　滦平县潮河流域历年京津风沙源治理投资效益和类型分布（单位：元/亩、％）

各年	平均		人工造林		封山育林		飞播造林		种苗基地		农田林网	
	效益	比例	效益	比例	效益	比例	效益	比例	效益	比例	效益	比例
平均	90.96	100	102.68	11	72.41	40	101.58	48	2203.08	0.03	205.79	0.36
2000	128.68	100		0	92.50	12	120.00	88	2203.08	0.57		0
2001	98.84	100		0	98.84	100		0		0		0
2002	105.21	100		0	98.75	94		0		0	205.79	6.04
2003	78.15	100		0	40.59	53	120.00	47		0		0
2004	95.00	100		0		0	95.00	100		0		0
2005	81.58	100		0	77.41	76	95.00	24		0		0
2006	99.42	100	120.00	18		0	95.00	82		0		0
2007	74.18	100		0	74.18	100		0		0		0
2008	89.31	100	99.20	30	70.00	28	95.00	42		0		0
2009	95.66	100	97.16	31	0	0	95.00	69		0		0

根据滦平县林业局的实际调查资料显示，1997年底，滦平县水土流失面积为1708.8km²，其中：滦河流域为751.9km²，潮河流域为949.9 km²，水土流失面积占土地面积的比例分别是50.57％和66.61％。在1999年海河流域委员会下发的遥感统计资料中，全县水土流失面积为1828.4 km²，其中：滦河流域为878.4 km²，潮河流域为950 km²，水土流失面积占土地面积的比例分别是49.05％和66.81％，潮河流域水土流失稍重。1999年之前，生态补偿政策几乎没有实施，上游地区荒山砍柴、放牧等现象比较严重，加上气候干旱和植被破坏，水土流失非常严重。2000年首水规划和京津风沙源治理工程等项目实施以后，水土流失得到治理，到2004年底全县水土流失面积为1666 km²，其中：滦河流域和潮河流域水土流失占比分别为44.36％和61.29％（见表9-5）。潮河流域水土流失仍然很严重。

由上述分析可以看出，首水规划项目和京津风沙源治理项目执行的效果不太理想，投资高，但项目多滞后，水土流失治理效果一般。

表 9–5　滦平县水土流失治理效果

年份	流域	总面积（km²）	水土流失 面积（km²）	水土流失 比例（%）	土壤侵蚀面积（km²）	微度	轻度	中度	强度
1997	滦河	1486.90	751.90	50.57	1486.90	735.00	438.18	288.09	25.63
1997	潮河	1426.10	949.90	66.61	1426.10	476.20	748.63	201.27	
合计		2913.00	1701.80	58.42	2913.00	1211.20	1186.81	489.36	25.63
1999	滦河	1791.00	878.40	49.05	1791.00	912.60	519.43	233.37	125.60
1999	潮河	1422.00	950.00	66.81	1422.00	472.00	551.26	256.24	142.50
合计		3213.00	1828.40	56.91	3213.00	1384.60	1070.69	489.61	268.10
2004	滦河	1791.00	794.40	44.36	1791.00	996.60			
2004	潮河	1422.00	871.60	61.29	1422.00	550.40			
合计		3213.00	1666.00	51.85	3213.00	1547.00			

同时，实施了清洁能源工程，在有条件的地区推广沼气池的使用。2008 年农村沼气丰宁县 2.4 万户，滦平县 3 万户，通过县新能源办公室"一池三改"工程。

9.2 生态补偿实施效果的调查：农户响应

课题组根据研究内容，分别在 2008 年和 2009 年进行了两次调查，2008 年在密云县、滦平县和上游丰宁县进行了生态补偿政策执行的预调研，调查了 175 份问卷，其中有效问卷 165 份。问卷分为综合问卷和区域问卷 2 部分，综合问卷从家庭成员基本情况、退耕和土地利用变化、公共服务、农业生产、收入与花费、信任与偏好 6 个方面了解农户家庭和农业生产的基本情况，区域问卷从知识与态度、反应战略、采用的措施、项目参与 4 个方面有针对性地分析农户对生态补偿政策执行的态度与参与情况。

2009 年 8 月 21 日至 9 月 30 日在上游水源区的 3 个主要县市赤城、丰宁、滦平对水源区的生态环境与社会经济状况、生态补偿政策的执行与参与情况进行机构调查，同时，对农户的家庭基本情况、农业生产、退耕尤其是稻改旱的执行情况、效果及其对农户家庭收入的影响等方面进行了农户调查，调查了滦平县虎什哈三道河村、虎什哈大河北村、虎什哈西营房、巴什克营营盘村、巴什克营山神庙村 5 个自然村，丰宁县黑山嘴镇平山村、胡麻营镇塔黄旗、胡麻营塔沟村、胡麻营镇河东村、南关乡七道河村、南关乡苏武庙村 6 个自然村，赤城样田下马山、样田上马山、茨子营乡茨营子村、茨子营乡三道河村、样田村、样田乡水么夭、东万口巴图营 7 个自然村。调查问卷 330 份，除去抗议性回答和回答不完整的问卷，有效问卷 301 份。

根据第一次的预调查，了解分析了当地农业生产、公共服务、农民收入、农户对环境保护的知识、态度和参与等基本情况。调查显示，由于气候干旱，当地农业生产以种植玉米为主，稻改旱政策执行之前，在河滩种植水稻，一年一熟。在有些地区有大型公司的订单，种植新品种的糯玉米，农户在种植业方面的收入得到很大提高。上游地区畜牧业主要是养牛和羊。在公共和农业生产服务方面，非常落后。获得银行贷款用于发展生产的农户占被调查农户的 14.55％，最大金额是 3 万元，除少量用于治病、上学外，主要用于农业生产投入，例如奶牛养殖和种植糯玉米等。参加农民协会的极少，只有极少数农户参加了养牛协会和玉米协会，这些地区农户种植也收入水平提高了。对于技术和信息的获得主要通过亲戚朋友、电视新闻、报纸等方式获得，被调查农户认为获取信息较容易、较难和很难的分别占 12％、44％和 44％，对于新技术获取的难易程度分别为 21％和 34％和 46％。

本研究从农户对水源区保护的基本知识和态度、影响与反应战略、行动与措施等几个方面评价农户参与生态补偿项目的驱动力（见表 9-6）。

表 9-6　农户对水源区保护的知识、态度与响应状况

知识与态度	影响与反应战略	行动（项目参与）
当地环境质量好坏	生态补偿政策的执行效果	退耕项目的参与程度
近 5 年环境质量改善	对农户家庭收入的影响	稻改旱项目的参与程度
税收是否是筹集生态补偿资金公平的手段	退耕补贴占家庭收入的比例	是否参与决策
是否了解退耕、稻改旱项目	退耕补贴停止后是否复耕	参与项目的驱动力
是否满意退耕、稻改旱项目	化肥和农药的价格增长的替代措施	稻改旱项目接受意愿
谁是最重要的补偿者	稻改旱补贴占家庭收入的比例	

知识与态度的调查显示，大部分被调查农户认为当地的环境质量有一定改善，但对参与项目的了解程度都不高。认为当地环境质量较好的占 38％（选择 +3、+2、+1），选择差的占 37％（选择 -3、-2、-1），近 5 年环境质量改善的调

查显示，58％的农户认为最近环境质量得到改善（选择+3、+2、+1）。关于补偿方式的调查，总计42％的被调查者认为税收是比较好的方式（选择+3、+2、+1），反对者占26％（选择-3、-2、-1）（见表9-7）。

表9-7 农户对密云水库流域保护的认知

	+3	+2	+1	0	-1	-2	-3	-4
当地环境质量好坏	19	24	18	39	4	12	47	2
比例（％）	12	15	11	24	2	7	28	1
近5年环境质量改善（N）	44	27	25	19	2	8	39	1
比例（％）	27	16	15	12	1	5	24	1
税收是否是筹集生态补偿资金公平的手段（N）	14	24	29	40	5	9	27	11
比例（％）	9	15	18	25	3	6	17	7

* +3 = 非常好，0 = 中立，-3 = 非常不好，-4 = 不知道。

对退耕参与意愿进行调查，自愿参与退耕的占82％，被动参与的占15％，其他情况占3％。对稻改旱参与意愿进行调查，自愿参与稻改旱的占74％，被动参与的占20％，其他情况占6％。与退耕项目对比，稻改旱参与意愿比较低。对稻改旱和退耕项目的认知程度都较低，知道一些的分别占54％和50％，不知道的分别占26％和23％。非常了解的仅分别占到3％和4％（见表9-8），对稻改旱的了解程度略高于退耕。这两类生态补偿项目都是他们已经参与的，利益密切相关的项目，他们对这类项目的认知都如此不清楚。由此可见，农户对流域环境保护认知的贫乏，认知的贫乏也是他们不关心、不参与流域保护行动的重要原因之一。如果水源区保护没有农户的积极参与，保护的效果也显而易见。课题组调查过程中还发现，稻改旱地区蔬菜面积扩大，而蔬菜需水量也很大，水污染甚至比水稻还严重。

对稻改旱和退耕项目的满意程度调查显示，对退耕项目的满意程度高于稻改旱项目的满意程度，很满意退耕和稻改旱项目的被调查农户分别占15％和11％。满意的分别占32％和23％，对退耕和稻改旱项目很不满意的分别占7％和12％，不太满意的分别占16％和26％，不满意稻改旱项目的占38％（见表9-8）。2006—2007年稻改旱项目补贴是450元/亩，2008年又增加到550元/亩。稻改旱项目后仍可以种植玉米，为什么农户不满意这个项目呢？调查中了解到稻改旱项目水稻种植面积的认定依据实施前一年是否种植水稻以及实施前几年是否种植水稻密切项目，有些农户以前种植水稻了，但是具体实施的前一年没有种植，就没有得到补贴。同时，补贴的标准也不是按照北京市补贴的一刀切，而是各县根据具体情况确定，标准稻田认定的面积是按照北京市给的补贴，而不同地方有水浇地100元/亩，涝洼地700元/亩等具体实施的措施。还有稻改旱面积认定也差别很大，按照前一年的稻茬面积补贴，存在一定的不确定性，有些农户前一年没种，其他的年份种了。同时，还存在着村、镇、乡克扣补贴款的情况，导致农户的不满意程度加剧。由此可见，项目实施的公平和透明是成功执行的关键。

表9-8　农户对退耕和稻改旱项目的认知和满意程度调查

	不知道	知道一些	比较了解	非常了解	
对退耕项目的了解程度（N）	57	120	39	6	
比例（%）	26	54	18	3	
对稻改旱项目的了解程度（N）	67	147	68	12	
比例（%）	23	50	23	4	
	很满意	满意	一般	不太满意	很不满意
对退耕项目的满意程度（N）	33	70	68	35	16
比例（%）	15	32	31	16	7
对稻改旱项目的满意程度（N）	33	69	82	76	34
比例（%）	11	23	28	26	12

同时，做了"您认为谁应该为保护密云水库付费"的调查，42%的被调查农户认为是政府。33%的人认为是北京市居民，工业企业和全部流域的人口分别占11%和13%（见图9-2）。

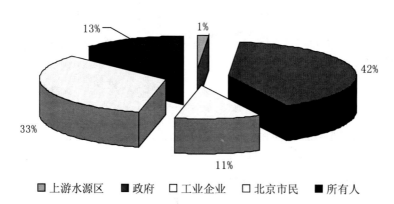

图9-2　密云水库流域保护补偿者的调查

对于生态补偿政策的反映和影响，通过"生态补偿政策实施是否有效的调查"显示，分别有19％、20％和21％的被调查者选择非常有效、较有效和有效（选择+3、+2、+1），总计达到60％的被调查者认为生态补偿政策是有效和成功的（选择正值），同时分别有2％、7％和12％的被调查者认为生态补偿政策是效果不大、没效果和效果非常差的（选择−1、−2、−3），总计达到21％。进一步做了"如何减少环境退化，保证生态补偿项目的有效实施"的调查，大部分农户认为最有效的战略是村级行政单位的参与，占44.4％，占第二位的重要因素是社区居民的共同支持，占26.3％，其他的依次是税费收入、从事非农业生产和技术培训等。可以看出，基层行政和管理人员的参与和支持对农户参与生态补偿政策具有重要作用。

生态补偿政策对农户收入的影响的调查显示，15％的被调查者认为是很大程度上增加了收入（选择+3），24％的人认为很大程度上减少了收入（选择−3）。

对造成环境退化的主要因素进行调查，结果显示：经济增长的影响和环境保护政策的失败是最主要的影响因素，分别占27％和25％（见图9-3）。由此可见，政策的有效执行对环境保护的重要性。

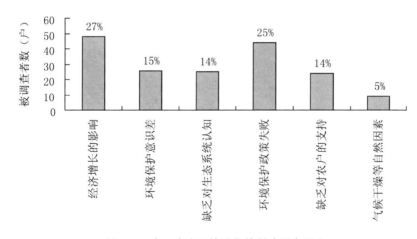

图9-3　密云水库环境退化的影响因素调查

同时，调查了退耕补贴占被调查农户家庭收入的比例。结果显示，退耕对大部分被调查农户的家庭收入影响不大，56.25％的被调查农户退耕补贴占家庭收入的比例小于3％，退耕补贴占家庭收入的5％~10％的被调查者有21.25％，占10％~15％的被调查者有6.25％，占15％以上的被调查者仅3.75％。可以看出，仅10％的被调查者退耕补贴占家庭收入的10％以上（见图9-4）。

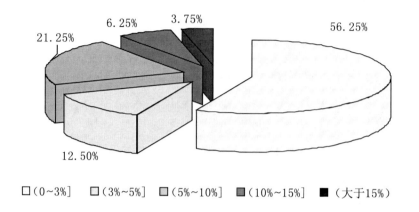

□（0~3%］ □（3%~5%］ ■（5%~10%］ ▨（10%~15%］ ■（大于15%）

图9-4 退耕补贴占被调查农户家庭收入的比例

基于上述分析，进行了退耕补贴停止后是否复耕的调查，43％的被调查农户表示肯定不复耕，可能复耕和肯定复耕的占11％和6％，加上回答不清楚的占14％，总计31％的农户可能选择复耕（见图9-5）。该地退耕还林的主要树种是水果和经济林，保证5~8年后退耕还林的林地收益，引导农业产业结构的顺利转换，是保证退耕还林成功的重要手段。

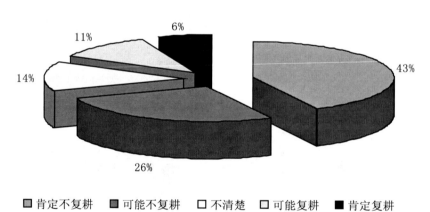

■肯定不复耕 ■可能不复耕 □不清楚 □可能复耕 ■肯定复耕

图9-5 退耕补贴停止后是否复耕的调查

同时，调查了价格的调节作用。当化肥的价格增加1倍时，调查显示仍有58.4％的被调查人员选择按照原来的方式进行生态补偿的调研，24.2％被调查者将减少化肥投入，9.3％的人选择替代方式，轮作、改变土地利用方式和弃耕寻找非农工作的人占3.7％。

两次调查显示，当地户均耕地面积7亩左右，户均退耕面积1.02亩，被调查者中参与退耕的户数仅占总调查户数的 73.75％。在稻改旱项目的调查中，在项目区 99％的被调查的农户都参与了稻改旱项目。但是，他们基本上没有参与稻改旱项目的决策过程，也没有召开村民大会讨论如何确定稻改旱的面积，补偿的标准由县水务局制定，补偿面积有依据稻茬面积、按照人口、按照土地类型等多种形式，由县水务局和乡镇共同制定。

对参与密云水库流域保护项目的驱动力调查显示，保护流域环境是第一位的，占 53％，其次是希望能通过这个项目获得补偿增加收入，占 29％（见图 9-6）。

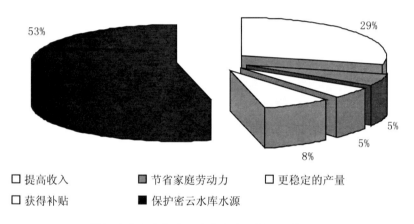

图 9-6　被调查农户参与密云水库流域保护项目的驱动力调查

9.3 生态补偿的重要方式——稻改旱补贴实施效果分析

9.3.1 稻改旱项目的资金使用效率和农户损失的宏观分析

稻改旱项目是通过北京市直接对上游地区的农户支付以补偿其损失，并使其改变农业种植方式，真正体现了环境服务支付和生态补偿的实质。2006 年，在张家口市赤城县黑河流域进行"稻改旱"试点 1.74 万亩，北京按照每年每亩450 元标准补偿农民收益损失，共计支付补偿资金 783 万元。2007 年开始在赤城的白河流域、丰宁和滦平的潮河流域全面实施稻改旱项目，其中赤城 3.2 万亩，潮河流域 7.1 万亩，包括丰宁 35954.4 亩，滦平 35045.6 亩。2008 年开始增加补偿标准到 550 元/亩·年。

稻改旱补贴政策的实施效果及其对农户收入的影响，可以从稻改旱补贴的面积和补贴标准两个方面确定。首先分析向北京上报的稻改旱面积和实际水稻种植面积的关系。根据赤城县统计年鉴中水稻种植面积、产量及实地调研时县水务局提供的稻改旱面积和补贴标准数据，对稻改旱项目面积和补贴标准进行分析，结果如下（见表9-9）。

表9-9　赤城县稻改旱前实际水稻种植面积和2007年稻改旱补贴面积对比

	稻改旱前播种面积（亩）				2007年稻改旱面积（亩）、补贴标准（元/亩）							
					稻田		湿地		水浇地		湿荒地	
	2003	2004	2005	2006	面积	补助标准	面积	补助标准	面积	补助标准	面积	补助标准
合计	10455	11805	10995	2130	15018	450	1666	600	27137	100	0	260
田家夭	0	0	0	0	0	0	0	0	0	0	0	0
龙关	0	0	0	0	0	0	0	0	0	0	0	0
炮梁	0	0	0	0	0	0	0	0	0	0	0	0
雕鹗	525	390	330	285	1575	450	489	600	0	0	359	260
大海陀	0	0	0	0	0	0	0	0	0	0	0	0
赤城镇	1000.5	990	300	0	100	450	0	0	0	0	0	0
镇宁堡	0	0	0	0	0	0	0	0	0	0	0	0
马营	0	0	0	0	0	0	0	0	0	0	0	0
独石口	0	0	0	0	0	0	0	0	0	0	0	0
云州	0	0	0	0	0	0	0	0	0	0	0	0
白草	0	0	0	0	0	0	0	0	0	0	0	0
三道口	0	0	0	0	0	0	0	0	0	0	0	0
东万口	1575	2010	2010	0	2919	450	228	600	6057	100	0	0
茨营子	1005	1005	1005	0	2120	450	100	600	6793.2	100	0	0
龙门所	0	0	0	0	0	0	0	0	0	0	0	0
样田	1098	1095	1095	525	2155	450	460	600	0	0	668	260
后城	3000	3000	3000	1320	2999	450	101	600	9900	100	0	0
东卯	2250	3255	3255	0	3150	450	288	600	4387	100	0	0
县直	0	0	0	0	0	0	0	0	0	0	0	0

从实际水稻种植面积和稻改旱实施面积的对比分析第一层次资金的使用效率，从表9-9可以看出，2003—2006年赤城县水稻种植面积基本稳定在1万多亩，2006年在赤城县黑河流域试点水稻种植面积，水稻种植面积大幅下降，2003—2005年水稻播种面积均值是11085亩，而实际稻改旱补贴面积是320000

亩，实际水稻种植面积是稻改旱补贴面积的 34.64％。

表 9-9　赤城县稻改旱前实际水稻种植面积和 2007 年稻改旱补贴面积对比（续）

| | 2008 年稻改旱面积（公顷）、补贴标准（元/亩） | | | | | | 2009 年稻改旱面积（公顷）、补贴标准（元/亩） | | | | | | | |
| | 稻田 | | 湿地 | | 水浇地 | | 稻田 | | 湿地 | | 湿荒地 | | 水浇地 | |
	面积	补助标准	面积	补助标准	面积	补助标准	面积	补助标准	面积	补助标准	面积	补助标准	面积	补助标准
合计	15018	550	1040	700	15516	100	15018	550	1666	700	1197	320	8732	100
田家夭	0	0	0	0	0	0	0	0	0	0	0	0	0	0
龙关	0	0	0	0	0	0	0	0	0	0	0	0	0	0
炮梁	0	0	0	0	0	0	0	0	0	0	0	0	0	0
雕鹗	1575	550	57	700	0	0	1575	550	489	700	665	320	0	0
大海陀	0	0	0	0	0	0	0	0	0	0	0	0	0	0
赤城镇	1000	550	0	0	0	0	1000	550	0	0	0	0	0	0
镇宁堡	0	0	0	0	0	0	0	0	0	0	0	0	0	0
马营	0	0	0	0	0	0	0	0	0	0	0	0	0	0
独石口	0	0	0	0	0	0	0	0	0	0	0	0	0	0
云州	0	0	0	0	0	0	0	0	0	0	0	0	0	0
白草	0	0	0	0	0	0	0	0	0	0	0	0	0	0
三道口	0	0	0	0	0	0	0	0	0	0	0	0	0	0
东万口	2019	550	228	700	2896	100	2919	550	228	700	0	0	5909	100
茨营子	2120	550	100	700	5493	100	2120	550	100	700	0	0	2496	100
龙门所	0	0	0	0	0	0	0	0	0	0	0	0	0	0
样田	2155	550	266	700	0	0	2155	550	460	700	532	320	0	0
后城	2999	550	101	700	6800	100	2999	550	101	700	0	0	0	0
东卯	3150	550	288	700	327	100	3150	550	288	700	0	0	327	100
县直	0	0	0	0	0	0	0	0	0	0	0	0	0	0

　　从北京下拨的稻改旱补贴额度和实际发放到各乡镇的稻改旱补贴额度的对比分析更深层次资金的使用效率，从表 9-9 可以看出，在实际稻改旱实施过程中，根据各乡镇的情况和不同地块的稻改旱后损失情况，制定了不同的补贴标准，赤城县依据稻田、湿地、湿荒地和水浇地四种类型，补贴标准分别为 450 元/亩（2008 年以后提高到 550 元/亩）、600 元/亩（2008 年以后提高到 700 元/亩）、260 元/亩（2008 年以后提高到 320 元/亩）和 100 元/亩。依据补贴面积和补贴

标准计算得到补贴总额（见表9-10），可以看出，2007—2009 年三年赤城县补贴额度仅占下发额度的 74.57％、57.07％和59.61％。同时，这个补贴总额仅是划拨到各个乡镇的额度，实际上从乡镇到村都要进一步提取管理费。

表9-10 赤城县下拨到各乡镇的稻改旱补贴额度及占总经费的比例

	2007	2008	2009
划拨经费（万元）	1440	1760	1792
划拨到乡镇的经费	1073.84	1004.45	1068.23
补贴比例（％）	74.57	57.07	59.61
雕鹗	109.55	90.62	142.14
赤城镇	4.5	5.5	5.5
东万口	205.61	155.97	235.60
茨营子	169.33	178.53	148.56
样田	141.94	137.15	167.75
后城	240.02	240.02	172.02
东卯	202.90	196.68	196.68

表9-11 是把乡、村各级管理费专门列出的经费分配情况，可以看出，赤城各乡镇和村都有一定的管理费用，比例从最低的 8％到最高的 38％，平均管理费比例24％。合计下拨到各乡镇的总经费与表9-10 中给出的经费接近，都是 1000多万元，表9-11 中的数据比表9-10 稍高，这可能是估算过程中，占总经费的56.23％，其中管理费占24％，除去管理费，拨付到农户的经费占总拨付经费的42.73％，根据前面按照实际水稻种植面积和稻改旱补贴面积的计算，实际下拨经费的效率是34.4％，据此得出北京市支付的稻改旱资金用于实际稻改旱补贴的比例约为 14.7％。

表9-11 赤城稻改旱补贴项目中含管理费的经费分配表

	稻田		水浇地		湿地		湿荒地		村级管理费	乡级管理费	总金额	管理费比例（％）
	面积	补助标准	面积	补助标准	面积	补助标准	面积	补助标准				
合计	7488		14330		1666		1197		980000	1455000	10075640	25
东万口	708	550	5905	100	228	700			120000	250000	1509500	25
茨营子	2120	550	2496	100	100	700			80000	200000	1765600	16
东卯	1150	550	5929	100	288	700			240000	300000	1967000	27

续表

	稻田		水浇地		湿地		湿荒地		村级管理费	乡级管理费	总金额	管理费比例（%）
	面积	补助标准	面积	补助标准	面积	补助标准	面积	补助标准				
样田	390	550			460	700	532	320	100000	200000	1006740	30
后城	2999	550			101	700			300000	300000	2320150	26
雕鹗	21	550			489	700	665	320	140000	200000	906650	38
赤城镇	100	550								50000	600000	8

密云水库上游潮河流域稻改旱项目在滦平县和丰宁县开展，根据滦平县统计年鉴，2003—2006 年水稻种植面积最大值是 2240 亩，而稻改旱补贴面积是 35045.6 亩，资金真正用于补贴项目的使用率最高仅达到 6.39％。课题组到实地调查有些乡镇实际没有水稻种植，农户也得到了补贴。例如课题组调查了巴克什营镇的营盘村、山神庙村就属于这种情况（见表 9-12）。

表 9-12　滦平县水稻种植面积和稻改旱补贴拨款面积

	水稻种植面积（亩）				稻改旱面积（亩）
	2003	2004	2005	2006	
合计	2240	1600	1610	1025	35045.6
虎什哈	1650	1310	1190	780	16662.6
马营子	120	20	0	0	2250
付家店	190	50	50	0	2910
巴克什营	0	0	50	0	5960
邓厂	200	200	200	150	1450
两间房	0	0	0	0	522
涝洼	0	0	0	0	293
平坊	0	0	0	0	978
火斗山	0	0	0	0	753
五道营子	70	20	110	85	1347
安纯沟门	10	0	10	10	1920

表9-13　丰宁县水稻种植面积和稻改旱补贴拨款面积（单位：亩，元/亩）

			2007 年补贴标准								
		小计	稻田		涝洼地绝收		涝洼地低产		水浇地		
水稻种植面积		补助金额	补助标准	亩数	补助标准	亩数	补助标准	亩数	补助金额	亩数
2005	2006	30590101	450	43981	900	5000	700	2266.14	100	47118
合计	22965	22740	15295051	450	21990.61	900	2500.24	700	1133	100	23559
汤河乡	120	105	238796	450	413.3	0		0		100	528
黑山嘴镇	5250	5190	2854069	450	5012.71	900	149	700	50	100	4292
土城镇	0	0	296200	450		0		0		100	2962
胡麻营	6870	6870	4589967	450	4662.82	900	1744.24	700	730.07	100	4108
石人沟	2775	2745	1307673	450	2241.03					100	2992
天桥	2805	2805	2220993	450	2860.45	900	417	700	28	100	5389
大阁镇	120	120	123460	450	120	0		0		100	695
南关	5025	4905	3594594	450	6680.3	900	190	700	325	100	1900
南关横河村	0	0	15000	0		0		0		100	150
农工委大阁镇六间房	0	0	30200	0		0		0		100	302
杨子姗子	0	0	24100	0		0		0		100	241

从表9-13可知，2005年和2006年丰宁县水稻种植面积分别为22965亩和22740亩，实际稻改旱补贴面积是35954.4亩，补贴资金最高使用效率为63.87％。这里同样的，分配到各乡镇的补贴面积并不是实际下发面积，以南关乡苏武庙村为例，资金的实发比例占上报比例的63％。因此，实际通过稻改旱项目补贴给农户的资金占北京市补偿资金的比例是40.24％（见表9-14）。

表9-14　丰宁县水稻种植面积和稻改旱补贴拨款面积（单位：亩，元/亩）

苏武庙村	补助资金合计（元）	水稻种植面积及资金补偿										
		2000—2005年		2006年			涝洼地					
		种植面积（亩）	补偿标准（元/亩）	种植面积（亩）	补偿标准（元/亩）	合款（元）	绝收面积（亩）	补偿标准（元/亩）	合款（元）	低产面积（亩）	补偿标准（元/亩）	合款（元）
上报数	880130	634.95	100	1601.41	450	720635	60	900	54000	60	700	42000
实发数	555126	634.95	100	879.18	450	395631	60	900	54000	60	700	42000
实发比例	63	100	100	55	100	55	100	100	100	100	100	100

　　由于稻改旱过程中种植结构的变化主要表现在种水稻和种玉米的差别，在此假设按照实际稻改旱种植面积和北京提供的统一的补贴标准进行补贴，按照水稻1.6元/斤和玉米0.8元/斤的市场价格，计算了赤城县稻改旱前种植水稻与玉米产值的差值和2007年稻改旱补贴面积对比，可以发现稻改旱种植水稻和玉米收入差别较大，如果按照补贴标准对稻改旱的面积进行补偿，2007年补偿后仍然存在损失，损失率从最少的赤城镇12.68%到最大的茨营子60.15%，2008年补偿后赤城镇还获得正收益。2008年赤城县农户在种植水稻和玉米转换中的损失率从最小-6.73%到最高49.45%（见表9-15）。这个损失的前提是按照实际水稻种植的面积补贴单位面积损失。实际上根据前面的分析，北京提供的稻改旱补贴面积远大于实际水稻种植面积。根据赤城县水务局提供的下拨到乡镇的稻改旱面积和实际稻改旱前水稻播种面积和产量计算的稻改旱损失的差值，估算稻改旱对各乡镇的收益损失情况（见表9-16），可以看出稻改旱实施后按照下拨到各乡镇的补贴是总体损失了79.17万元，东卯镇损失最大，雕鹗、东万口、茨营子、样田稻改旱损失后都是正收益。这是按照下拨到各乡镇的经费计算的，如果按照实际补贴总额2007年1440万元，除去稻改旱损失，收益达到287万元。2008年增加补贴标准后，几乎都是正收益，按照下拨到各乡镇的经费收益是148.56万元，总补贴收益是872.33万元。上述收益是下拨到各乡镇的经费，并不代表农户都能获得收益，因为乡镇各级都提取一定的管理费。

表 9-15　赤城县稻改旱前种植水稻与玉米产值的差值和稻改旱单位面积损失情况（单位：元/亩）

	水稻、玉米产值差	2007 年补贴标准	2008 年补贴标准	2007 年单位面积损失	2008 年单位面积损失	2007 年单位面积损失率	2008 年单位面积损失率
合计	903	450	550	453	353	50.18	39.11
雕鹗	630	450	550	180	80	28.62	12.75
赤城镇	515	450	550	65	-35	12.68	-6.73
东万口	729	450	550	279	179	38.27	24.56
茨营子	1129	450	550	679	579	60.15	51.29
样田	569	450	550	119	19	20.85	3.26
后城	828	450	550	378	278	45.63	33.54
东卯	1088	450	550	638	538	58.64	49.45

注：损失率为负值时表示农户获得正收益，下同。

表 9-16　赤城县稻改旱补贴到各乡镇后收益损失情况（单位：亩，万元）

	稻改旱前水稻播种面积			2007 年下拨补贴总额	2007 年实际稻改旱损失	2007 年补偿后收益	2008 年下拨补贴额	2008 年补偿后收益
	2003	2004	2005					
合计	10455	11805	10995	1073.84	1153.01	-79.17	1004.45	148.56
雕鹗	525	390	330	109.55	30.92	78.62	90.62	59.69
赤城镇	1000.5	990	300	4.50	47.28	-42.78	5.50	-41.78
东万口	1575	2010	2010	205.61	156.36	49.25	155.97	-0.39
茨营子	1005	1005	1005	169.33	130.64	38.69	178.53	47.89
样田	1098	1095	1095	141.94	73.26	68.68	137.15	63.89
后城	3000	3000	3000	240.02	288.10	-48.09	240.02	-48.09
东卯	2250	3255	3255	202.90	368.31	-165.41	196.68	-171.63

表 9-17　丰宁县稻改旱前种植水稻与玉米产值的差值和农户稻改旱后损失情况（单位：元/亩）

	水稻、玉米平均产值差	2007 年单位面积损失	2008 年单位面积损失	2007 年单位面积损失率	2008 年单位面积损失率
全县	819.98	369.98	269.98	45.12	32.92
大阁镇	814.11	364.11	264.11	44.72	32.44
凤山镇	383.33	-66.67	-166.67	-17.39	-43.48
波罗诺镇	949.49	499.49	399.49	52.61	42.07

	水稻、玉米平均产值差	2007年单位面积损失	2008年单位面积损失	2007年单位面积损失率	2008年单位面积损失率
黑山嘴镇	668.07	218.07	118.07	32.64	17.67
天桥镇	872.15	422.15	322.15	48.40	36.94
苏家店乡	172.93	−277.07	−377.07	−160.22	−218.04
南关乡	984.27	534.27	434.27	54.28	44.12
选营乡	443.95	−6.05	−106.05	−1.36	−23.89
西官营乡	531.23	81.23	−18.77	15.29	−3.53
王营乡	465.54	15.54	−84.46	3.34	−18.14
北头营乡	1128.79	678.79	578.79	60.13	51.28
胡麻营乡	899.17	449.17	349.17	49.95	38.83
石人沟乡	754.53	304.53	204.53	40.36	27.11
汤河乡	580.20	130.20	30.20	22.44	5.21

　　2007年和2008年稻改旱后丰宁县农户损失均存在正收益，最高的苏家店乡正收益达到218.04%（损失率−218.04%），该乡镇水稻收益低。北头营乡损失最大，2008年达到51.28%，该乡水稻改种玉米后损失最大（见表9-17）。

　　依据滦平县水务局提供数据，把3.5万亩稻改旱额度分配到各乡镇，实际上2003年以来全县水稻种植最大是2003年的2240亩。因此，全县所有参与稻改旱的乡镇在扣除补偿稻改旱损失以后，得到的都是正收益（见表9-18、9-19）。

表9-18　滦平县稻改旱前种植水稻与玉米产值的差值和农户损失情况（单位：元/亩，%）

	水稻玉米产值差	2007年补偿后损失	2008年补偿后损失	2007补偿后损失率	2008补偿后损失率
合计	976.47	526.47	426.47	53.92	43.67
虎什哈	1183.09	733.09	633.09	61.96	53.51
马营子	580.63	130.63	30.63	22.50	5.28
付家店	1213.97	763.97	663.97	62.93	54.69
巴克什营	1027.22	577.22	477.22	56.19	46.46
邓厂	1295.65	845.65	745.65	65.27	57.55
两间房	–	−450	−550	–	–
涝洼	–	−450	−550	–	–

	水稻玉米产值差	2007年补偿后损失	2008年补偿后损失	2007补偿后损失率	2008补偿后损失率
平坊	–	-450	-550	–	–
火斗山	–	-450	-550	–	–
五道营子	981.60	531.60	431.60	54.16	43.97
安纯沟门	553.15	103.15	3.15	18.65	0.57

表9-19 滦平县稻改旱前种植水稻与玉米产值的差值和农户损失情况（单位：元/亩、亩、万元）

	水稻种植面积（亩）				稻改旱面积（亩）*	水稻玉米产值差	2007年补偿后损失	平均水稻种植面积	稻改旱实际损失	补贴后稻改旱收益
	2003	2004	2005	2006						
合计	2240	1600	1610	1025	35045.6	976.47	526.47	1817	98.07	1478.98
虎什哈	1650	1310	1190	780	16662.6	1183.09	733.09	1383	163.66	586.16
马营子	120	20	0	0	2250	580.63	130.63	47	2.71	98.54
付家店	190	50	50	0	2910	1213.97	763.97	97	11.74	119.21
巴克什营	0	0	50	0	5960	1027.22	577.22	17	1.71	266.49
邓厂	200	200	200	150	1450	1295.65	845.65	200	25.91	39.34
两间房	0	0	0	0	522	–	-450.00	0	-23.49	46.98
涝洼	0	0	0	0	293	–	-450.00	0	-13.19	26.37
平坊	0	0	0	0	978	–	-450.00	0	-44.01	88.02
火斗山	0	0	0	0	753	–	-450.00	0	-33.89	67.77
五道营子	70	20	110	85	1347	981.60	531.60	67	6.54	54.07
安纯沟门	10	0	10	10	1920	553.15	103.15	7	0.37	86.03

*滦平县水务局提供数据，把3.5万亩稻改旱额度分配到各乡镇，并没有提供各级管理费数据。

9.3.2 稻改旱项目的影响和实际效率——基于农户调查的数据分析

在上述统计和机构数据分析的基础上，通过农户调查进一步分析稻改旱项目对农户收入水平和生活方式等方面的影响，并分析农户对稻改旱项目的响应情况。

从表9-20和表9-21中可以看出，农户对现有补贴标准接受程度比较低，基本接受的占30.9%，不能接受的占41.9%，很不能接受的占13.4%。调查显示，实际上农户并没有拿到上述计算的多余面积的补贴，在核算补偿面积时，只根据补偿头一年实际种植水稻的面积，这反映了稻改旱项目实施的执行成本高和执行难问题。

表 9-20　稻改旱项目对农户生计的影响及农户的反映

可否接受补贴标准	非常接受	接受	基本接受	不能接受	很不接受
比例（％）	1	12.8	30.9	41.9	13.4
流域保护对生活的影响承受能力	小于3％	3％~5％	5％~10％	10％~15％	大于等于15％
比例（％）	63.9	25.4	8.9	1	0.7
停止补贴后是否复种水稻	肯定不复种	可能不复种	不清楚	可能复种	肯定复种
比例（％）	3.2	1.4	2.5	8.5	84.5
没有补贴对生活的影响	不会，因为有其他非农收入	可能会	现在还不知道	一定会	
比例（％）	5.5	11.6	0.3	82.5	
目前补贴标准下，可否支持稻改旱项目	非常支持	支持	一般	不支持	很不支持
比例（％）	24	31.1	22.6	16.2	6

表 9-21　农户对稻改旱项目的接受意愿和实际补贴额度的对比

接受意愿（元/亩）	频数	频率	累计频率	补贴	频数	频率	累计频率
400	1	0.3	0.3	100	5	1.7	1.7
450	3	1	1.3	170	29	9.7	11.4
470	1	0.3	1.7	200	1	0.3	11.8
500	6	2	3.7	211	1	0.3	12.1
550	52	17.4	21.1	230	1	0.3	12.4
600	46	15.4	36.6	240	2	0.7	13.1
650	25	8.4	45	260	1	0.3	13.4
700	40	13.4	58.4	306	11	3.7	17.1
750	16	5.4	63.8	309	1	0.3	17.5
800	44	14.8	78.5	314	1	0.3	17.8
850	6	2	80.5	320	13	4.4	22.2

续表

接受意愿（元/亩）	频数	频率	累计频率	补贴	频数	频率	累计频率
900	11	3.7	84.2	400	1	0.3	22.5
950	1	0.3	84.6	450	4	1.3	23.8
1000	32	10.7	95.3	480	1	0.3	24.2
1100	2	0.7	96	500	12	4.0	28.2
1250	1	0.3	96.3	550	188	63.1	91.3
1400	3	1	97.3	630	15	5.0	96.3
1500	7	2.3	99.7	700	6	2.0	98.3
2000	1	0.3	100	750	2	0.7	99.0
总计	298	100		751	1	0.3	99.4
				800	1	0.3	99.7
				900	1	0.3	100.0
				总计	298	100	

数据来源：赤城、滦平和丰宁县农户调查。

对稻改旱接受意愿调查显示，接受 550 元/亩的占 17.4％，加上接受意愿比 550 元/亩少的被调查者，合计 21％，利用频率和稻改旱接受意愿加权平均计算得到接受意愿的平均值是 738.61 元/亩·年。基本上是种植水稻和玉米的收益差值，符合实际情况（见图 9-7）。

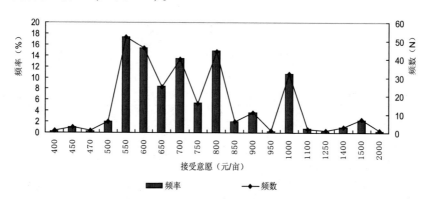

图 9-7　稻改旱项目的生态补偿接受意愿

对稻改旱补贴停止后是否复种水稻的调查显示：84.5％的农户表示肯定复种，远高于退耕复耕的比例。

调查中，作者发现，由于稻改旱项目补偿分配由地方政府执行，存在稻改旱经费的克扣现象，农户与地方村镇政府的矛盾非常尖锐，为此事造成的上访事件在上述 3 县中均有发生，其中丰宁县最为严重。丰宁县农户甚至有材料证明，地方政府利用农户名义多要和冒领补偿金、下发的补偿面积与已领的补偿面积不一致等现象发生。

根据上述分析，可以看出：

（1）稻改旱项目的资金使用效率很低，赤城、丰宁和滦平县多年水稻种植面积占稻改旱补贴面积的比例分别是 34.64％、63.87％、6.39％。稻改旱补贴面积远大于上游实际水稻种植面积，资金使用效率很低，大部分经费用于县、乡、镇各级政府的管理等费用，实际农户得到的补贴并不高，如果按照稻改旱的实际面积补贴农户，农户仍然存在较大的损失，最高损失高达 50％，也有极个别乡镇水稻产量低，稻改旱补贴后获得一定正收益。

（2）通过水稻实际播种面积的稻改旱损失与下拨到各乡镇的稻改旱补贴的差值，计算稻改旱的实际损失。结果显示：只有极少乡镇是负收益，大部分乡镇是正收益。但是，由于存在乡镇克扣补偿费现象，扣除乡镇管理费后农户的收益损失情况需要进一步调查分析。

（3）农户的接受意愿基本上反映了稻改旱的实际损失，但由于补偿面积核算的问题和农户补贴分配不公平、管理效率低等问题，稻改旱项目的满意程度较低，稻改旱项目实施执行成本较高，停止补贴后复种的可能性比较大。

（4）利用频率和稻改旱接受意愿加权平均计算得到接受意愿的平均值是 738.61 元/亩·年。基本上是种植水稻和玉米的收益差值，符合实际情况。

（5）对稻改旱补贴停止后是否复种水稻的调查显示：84.5％的农户表示肯定复种。

京冀流域生态补偿机制与政策框架构建

10

流域生态补偿机制是以水质、水量环境服务为核心目标，以流域生态系统服务价值增量和保护成本与效益为依据，运用财政、税收、市场等手段，调整流域利益相关者之间的利益关系，并实现流域内区域经济协调发展的一种制度安排。

鉴于北京市与上游水源区在经济发展、资源、环境的相互依存关系，应结合首都经济圈规划和主题功能区划，建立京冀流域生态补偿机制和政策框架。

2010 年 6 月国务院常务会议原则通过《全国主体功能区规划》，将我国国土空间分为以下主体功能区：按开发方式，分为优化开发区域、重点开发区域、限制开发区域和禁止开发区域；按开发内容，分为城市化地区、农产品主产区和重点生态功能区；按层级，分为国家和省级两个层面。按照全国主体功能区划，北京市属于国家层面的优化开发区域，而上游水源区主要 3 县中赤城县属于河北黑龙山国家森林公园、河北大海陀国家级自然保护区，丰宁县属于河北丰宁国家森林公园和浑善达克沙漠化防治生态功能区，滦平县属于河北白草洼国家森林公园，都是国家重点生态功能区的范围，属于禁止发展区和限制发展区。基于这两个区划，结合京冀流域生态补偿现状和问题，把生态补偿机制纳入首都经济圈规划，通过区域一体化的规划，构建跨界流域生态补偿机制和政策框架。同时，通过产业政策引导，使企业和私人部门投入流域环境保护和生态补偿（环境有偿使用）机制中，构建以政府补偿为主，多种企业和私有部门、农户参与相结合的生态补偿机制。

基于上述思路，课题组提出的北京市水源区域生态补偿机制和政策框架：生态补偿的目标、原则、补偿主体与补偿对象、优先领域、补偿依据和标准、实现路径和制度安排 6 个方面。

（1）北京市水源区流域生态补偿机制的目标：水质和水量供给的水资源目标、流域景观和生物多样性保护的生态环境保护目标、区域经济协调发展的目标。通过生态补偿机制的构建，激励上游河北省保护水源区的积极性，以保证水环境的有效改进和水资源量的持续供给（流域环境服务的增加），实现流域水质改善和水量增加以及生物多样性保护等环境保护的目标。同时，通过首都北京对上游的经济补偿、产业带动与辐射、人才转移、政策激励等多种形式的补偿，带动上游贫困地区的发展，从而保证整个区域经济的合作和协调发展。

（2）北京市水源区流域生态补偿机制的原则。包括以下4个方面：

谁保护，谁受益；谁受益，谁付费。依据保护投入成本和效益，上游获得下游提供相应的补偿，补偿要与赔偿相结合。对上游损失应该补偿，但是上游的破坏和污染也应该受到一定的惩罚，对下游水环境污染的损失要进行赔偿，例如上游酿酒、开矿对河流的严重污染，应该收取一定比例的赔偿金额。

利于贫困地区发展和公平的原则。上游属于生态脆弱和经济贫困的地区，该地区经济发展的需求也很强烈，而下游首都北京在经济发展水平、产业结构、技术水平等多个方面都优于上游地区。在需要上游提供优质水源的同时，除了通过直接补偿方式给上游提供经济补偿以外，要通过"对口支援"、"技术援助"、"产业政策引导"等方式帮助上游河北省水源区实现经济生产方式、产业结构的转变，增加农户非农收入，减少对土地和农业的依赖程度。加强区域经济合作，从而实现环境优化和整个流域协调发展。

实现环首都经济圈的京冀一体化和区域协调发展原则。结合首都经济圈规划和全国主体功能区划，制定生态补偿的主体和客体，优先序列、补偿方式等，实现整个区域环境-经济共赢和协调发展。

（3）补偿主体与补偿对象。补偿主体应该是所有取用潮白河、永定河和密云、官厅水库水源开展生产、保障生活以及维持生态平衡的北京市政府、中央政府、各类水电工厂、企业、居民以及上游污染者和破坏者等。补偿对象指致力于水源地保护的上游地方政府、农户（尤其包括林业土地拥有者）、环境友好型企业等。如何分配补偿的份额，应该依据对环境保护贡献的大小。具体可以利用利益相关者分析方法和环境服务价值评估与成本—效益分析方法界定。根据上述对补偿主体和对象的分析可以看出北京市政府是第一补偿主体，第二补偿主体是北京市用水企业和居民。补偿对象是上游赤城、滦平和丰宁3县市的农户和其他生态补偿政策执行的损失者。

（4）基于水质、水量为首要目标的优先领域。由于目前资金有限和制度的不健全，应该界定京津水源区生态补偿的优先领域，作为目前京冀流域生态补偿的重点。分析影响流域水质和水量的主要影响因素，从而制定出生态补偿的优先序列。目前生态补偿的优先领域是首先解决上游主要水源区的农业节水、水源林建设、重点工业污染源治理等方面，重点项目包括潮白河流域稻改旱、生态水源保护林、退耕还林还草、禁牧、永定河下游张家口市污水处理厂建设、生态节水农业等方面。第二层次是矿山等生态破坏地区的生态恢复、清洁能源项目、水源区非点源污染的治理，包括化肥农药污染、生活和畜牧垃圾的无害化处理等。第三层次实现产业结构转变，通过产业政策引导、产业转移等方式使上游地区调整产业结构，实现清洁生产。

（5）补偿依据和标准体系。补偿依据和标准是生态补偿机制构建的核心内容，也是生态补偿制度实施的关键。依据保护成本和价值"溢出"评估生态补偿的标准，形成生态补偿的补偿体系。根据上述研究可以看出，水资源效益价值评估、支付意愿调查法和发展权限制的机会成本3种生态补偿标准评估方法，最低的标准是基于发展权限制的补偿。可以形成3种补偿标准互相补偿的生态补偿标准体系。发展权限制的生态补偿通过财政转移支付和京冀横向财政转移支付用于补贴当地居民收入。水资源效益价值评估的补偿可以作为上下游跨流域调水的补偿标准，用于跨流域调水时对上游区域和农户的补偿。支付意愿调查法是最高层次的补偿标准，是基于流域生态系统服务的综合补偿，用于更高的环境服务需求时的补偿，例如优美景观、生物多样性等。

（6）实现路径和制度安排。从制度和技术两个层面解决生态补偿的实现路径和制度问题。把生态补偿问题转化为整体区域协调发展的问题，结合首都经济圈规划，把上游水源区纳入经济圈统一规划，基于各自发展重点和主体功能区划，把上游地区作为首都发展的资源供给区和支撑区，通过资金支付、项目共建、技术、人才支持、政策支持和产业培育、对口支援与合作等一系列措施，促进上游地区形成内生机制的可持续发展模式。把生态补偿问题转化为区域协调发展的问题，同时，带动上游地区发展绿色、生态产业，实现保护水源和区域发展的双赢。

具体保障措施和对策建议：

①充分利用目前已经建立的水资源环境治理合作协调小组和其他相关机构，通过区域间的合作协商，建立一套完整的生态补偿规则、实施细则和制度，包括构建基于水质、水量的生态补偿体系、融资和支付体系和绩效考核制度。通过法规和制度的形式确定下来，作为流域共建共享的依据。

②建立利益相关者补偿机制和责任机制。通过补偿机制和责任机制调动利益相关者参与的积极性，并实现流域管理和补偿共建信息的公开和透明，真正实现"受益者补偿、污染者赔偿和保护者受益"。

③建立由生态补偿基金、财政转移支付、引入生态建设项目、信贷优惠、减

免税收、财政转移支付、贴息等多种形式的融资体系。鼓励多种形式的市场参与，包括绿色融资和信贷、水权交易、排污权交易等。

④通过中央政府、北京市政府和河北省政府通过专项资金的形式建立跨省区的生态补偿基金，设立专门账户在河北省，专门用于水源区保护，各级机构共同监督资金的使用，并对保护的效果进行评估。资金来源于省市财政资金、水资源费、上游企业的污染收费等，通过财政转移支付（中央政府）、直接支付、项目投资等方式实现。

⑤基于生态建设项目，实现上下游流域共建共享。加强对项目实施的监督、管理和考核，提高项目的效率和效果。

⑥加强绿色产业政策倾斜，使上游地区加快产业结构调整，重点发展节水型、生态型绿色产业、生态农业，通过财政和政策优惠鼓励北京市相关企业到上游投资，并实现生产和销售的产业化一条龙服务，使其成本为北京市基础支撑区。

⑦通过对口支援与合作、技术和人才支持，加快河北省污染型重工业的技术升级。同时，承接北京市劳动密集型产业、服务外包行业的转移，利于河北省产业结构调整，并促进河北省水源地人口的非农就业，减缓对农业土地的压力和非点源污染。

⑧加强当地能力建设，进行人力资源开发政策和技术经济支持政策。包括技术和教育培训、劳动力流动和人口转移、人才使用和流动、生态产业发展支持、污染企业技术改造、生态农业区建设、生态城镇和区域建设等支持政策，使当地实现绿色经济和生态发展的模式。

⑨引导各种形式市场的参与，形成以排污权交易、绿色信贷、绿色金融的市场化生态补偿。

⑩从技术层面上，建立出境断面水质和流速监测数据库，构建流域管理信息系统、社会经济信息系统，并构建生态系统服务功能评估和生态补偿标准体系，作为对生态补偿制度的技术支持。同时，在此基础上实现流域水质、水量、生态补偿相关信息公开，为利益相关者对话提供信息。

北京市通过生态补偿手段和其他合作建设项目，实现对上游水源地的带动和区域协调发展，通过协调小组制定生态补偿立法的规则，进行水资源产权，对下泄水质和水量明确界定作为生态补偿或者赔偿的依据，构建生态补偿的制度层面和技术层面实现路径和保障措施，构建多层次生态补偿体系，并进行流域生态补偿的绩效评估和考核，从而实现环境服务的有效供给，构建流域生态补偿运行过程和补偿框架（见图 10-1）。

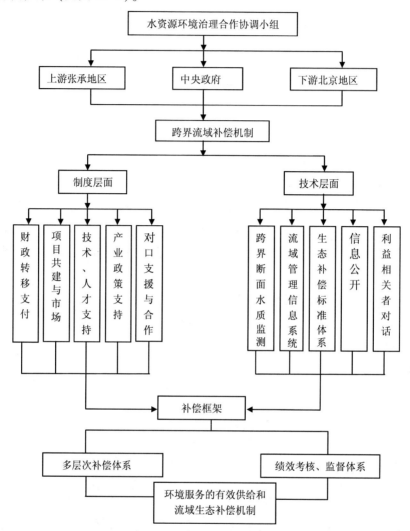

图 10-1　流域生态服务补偿运行机制和补偿框架

11 结 论

通过对北京市水源区生态补偿机制与区域协调发展的研究，得到几点结论：

（1）生态补偿的核心内涵是解决环境外部性问题，实现途径包括科斯的产权理论和庇古的税收与补贴等经济干预手段。生态服务补偿的理论基础包括生态服务功能价值理论（Ecological Services Value）、环境外部性理论（Ecological Externality）、生态资产理论（Ecological Asset）和公共物品（Public Goods）等理论，体现了生态环境服务作为一个公共物品，所具备的特殊的外部性、稀缺性，并且是具有经济价值、社会价值和生态价值。

（2）北京市对水源区的生态补偿模式可以划分为5种类型，主要以大型生态环境建设项目为主导。

（3）依据水源区的重要程度确定了水库优先补偿区、次补偿区和潜在补偿区。利用利益相关者分析矩阵，将利益相关群体分为核心利益相关者、次核心利益相关者和边缘利益相关者3大类。从利益相关者多维分析可以看出，在5个维度存在严重的不平衡，多数群体被影响程度与利益需求程度、重要性2个维度方面所占比分很高，但是在积极性与主动性、参与性方面明显不足。利益相关者在权利、利益、积极性与参与性等方面的不平衡是导致生态补偿执行不力的重要原因。

（4）通过水资源效益价值评估、支付意愿调查法和发展权限制的机会成本3种方法评估密云水库流域的环境服务价值，确定流域生态补偿标准。3种方法评价结果的相差较大，基于机会成本损失的补偿最低，最大支付意愿的评估结果最高。提出了3种补偿标准互相补充的生态补偿标准体系。发展权限制的生态补偿通过财政转移支付和京冀横向财政转移支付用于补贴当地居民收入。水资源效益价值评估的补偿可以作为上下游跨流域调水的补偿标准，用于跨流域调水时对上游区域和农户的补偿。支付意愿调查法是最高层次的补偿标准，是基于流域生态系统服务的综合补偿，用于更高的环境服务需求时的补偿，例如优美景观、生物多样性等。从而形成以发展权限制的机会成本为基础、水资源效益价值评估为应用、支付意愿调查法为高层次环境服务需求的多层次生态补偿标准体系。

（5）通过对比分析断点模型、Tobit 模型和分位数回归（Quantile Regression，QR）模型方法，模拟流域水质改善 WTP 的公共偏好，研究发现如下：

①断点模型、Tobit 与 QR 模型结果都显示：平均 WTP 与家庭收入在 1％上具有显著正相关，进一步印证了收入是 WTP 的重要影响因素。

②Tobit 模型拟合的结果比断点模型更优，有更多指标具有显著性，与 QR 模拟结果有一定的相似性。

③QR 模型在高分位和低分位上受影响的解释变量不同，除了家庭收入以外，在低分位上仅仅环境相对经济的重要性（x_2）、具有水质改善的需求（x_4）具有显著性，在中位数之后，具有显著性的指标增加，这主要是由于低分位上的支付仅仅是家庭月均收入中很少的一部分。

④所选择的 9 个指标均在右尾高分位上对 WTP 具有重要显著性影响。除了年龄显示负相关以外，其他因素都具有正相关关系，这与 WTP 及其影响因素的经济学理论预期相符，也检查了调查结果具有有效性和可靠性。研究结果正如所料，QR 模型在支付卡数据的价值评估中具有明显的优势。

（6）稻改旱项目的资金使用效率很低，赤城、丰宁和滦平县多年水稻种植面积占稻改旱面积的比例分别是 34.64％、63.87％、6.39％。稻改旱补贴面积远大于上游实际水稻种植面积，大部分经费用于县、乡、镇各级政府的管理等费用，实际农户得到的补贴并不高，如果按照稻改旱的实际面积补贴农户，农户仍然存在较大的损失，最高损失高达 50％，也有极个别乡镇水稻产量低，稻改旱补贴后获得一定正收益。

（7）农户的接受意愿基本上反映了稻改旱的实际损失，但由于补偿面积核算的问题和农户补贴分配不公平、管理效率低等问题，稻改旱项目的满意程度较低，稻改旱项目实施执行成本较高，停止补贴后复种的可能性比较大。利用频率和稻改旱接受意愿加权平均计算得到接受意愿的平均值是 738.61 元/亩·年。基本上是种植水稻和玉米的收益差值，符合实际情况。对稻改旱补贴停止后是否复种水稻的调查显示：86％的农户表示有可能复种，远高于退耕复耕的比例。

（8）结合首都经济圈规划和主题功能区划，建立京冀流域生态补偿机制和政策框架。从 6 个方面构建了北京市水源区生态补偿机制框架，应包括：生态补偿的目标、原则、补偿主体与对象、优先领域、补偿依据和标准、实现路径和制度安排等。从制度层面和技术层面提出了 10 点生态服务补偿的具体保障措施和对策建议。

由于时间有限，研究中仍然存在一些问题，例如对稻改旱项目可以进行更深入的研究，尤其是对不同收入水平农户的影响。对环境服务价值评估中支付意愿调查，可以利用 CVM 和选择模型（Choice Model）的方法进行对比分析，课题组下一步将做相关的工作。

参考文献

［1］Adamawicz W, Boxall P, Williams M. et al. Stated preference approaches for measuring passive use values：Choice experiments and Contingent Valuation ［J］. American Journal Agriculture Economics, 1998（80）：64-75.

［2］Bandara R., Tisdell C. Changing abundance of elephants and willingness to pay for their conservation ［J］. Journal of Environmental Management , 2005（76）：47-59.

［3］Bateman, I., R. T. Carson, B. Day, M. Hanemann, N. Hanley, T. Hett, M. Jones-Lee, G. Loomes, S. Mourato, E. Ozdemiroglu, D. W. Pearce, R. Sugden and J. Swanson, Economic Valuation with Stated Preference Techniques：A Manual ［M］. Cheltenham：Edward Elgar, 2002.

［4］Bauer, T. K. and J. P. Haisken-DeNew. Employer Learning and the Returns to Scholing ［J］. Labour Economics, 2001, 8（2）：161-180.

［5］Bayha K., C. Koski. Anatomy of a River：an Evaluation of Water Requirements for the Hells Canyon Reach of Snake River ［M］. Pacific North West River Basins Commission, Vancouver, Washington, Plus Appendix, 1974：203.

［6］Belluzzo, W. J. Semiparametric Approaches to Welfare Evaluations in Binary Response Models ［J］. Journal of Business and Economics Statistics, 2004, 22（3）：322-330.

［7］Bennet J., Blarney Russell. The Choice Modelling Approach to Environmental Valuation ［M］. Massachusetts：Edward Elgar Publishing Inc, 2001：37-69.

［8］Bennett, J. The contingent valuation method ［J］. A post-Kakadu assessment. Agenda 5, 1996（2）：185-194.

［9］Blaine T. W., Lichtkoppler F. R., Jones K. R., et al. An assessment of household willingness to pay for curbside recycling：A comparison of payment card and referendum approaches ［J］. Journal of Environmental Management , 2005（76）：15-22.

［10］Boxall, P., Adamowicz, W., Williams, M., Swait, J. and Louviere, J. A Comparison of stated preference approaches to the measurement of environmental values ［J］. Ecological Economics, 1996（18）：243-253.

［11］Cameron, T. A. and D. D. Huppert. OLS versus ML Estimation of Non-market Resource

Values with Payment Card Interval Data ［J］. Journal of Environmental Economics and Management，1989（17）：230-246.

［12］Carson R. T. , Mitchell R. C. , Hanemann W M, et al. A Contingent Valuation Study of Lost Passive Using from the Exxon Valdez Oil Spill ［J］. Report to the Attorney General of the State of Alaska , 1992.

［13］Choi W. S. , Lee K. J. , Lee B. W. Determining the value of reductions in radiation risk using the contingent valuation method ［J］. Annals of Nuclear Energy, 2001（28）：1431-1445.

［14］Clausen T. J. , Jens Fugi. Firming up the conceptual basis of integrated water resources management ［J］. Water resources development, 2001, 17（4）：501-510.

［15］Clay, J. W. Community-based Natural Resource Management within the New Global Economy：Challenges and Opportunities ［J］. A report prepared by the Ford Foundation. World Wildlife Fund. Washington, D. C. , U. S. A, 2002.

［16］Costanza, R. , R. d'Arge, RudolfG. , et al. The value of the world's ecosystem services and natural capital ［J］. Nature, 1997（387）：253~260.

［17］Daily, G. C. , et al. Nature's Service：Societal Dependence on Natural Ecosystems ［M］. Washington：Island Press, 1997.

［18］Danièle Perrot-Maitre Patsy Davis, Esq. Case studies of markets and innovative financial mechanisms for water services from forests, http：//www. forest-trends. org/documents/publications/casesWSofF. pdf, 2001.

［19］Daubert J. , R. Young. Recreational demands for maintaining in stream flows：a contingent valuation approach ［J］. American journal of agricultural economics, 1981, 63（4）：666-675.

［20］Davis R. K. Recreation Planning as an Economic Problem ［J］. Natural Resources Journal , 1963（3）：239-249.

［21］Desvousges W. H. , Hudson S. P. , Ruby M. C. Evaluating CV Performance ：Separating the Light from the Heat. In ：Bjornstad D. J. , Kahn J. R. The Contingent Valuation of Environmental resources-Methodological Issues and Research Needs ［M］. Cheltenham, U. K. ；Brookfield , U. S. ：Edward Elgar , 1996：117-144.

［22］Francisco H. A. Environmental service payments：experience, constraints and potential in Philippines ［EB/OL］. http：//www. worldagroforestrycentre. org/sea, 2003.

［23］G. D. Garrod and K. G. Willis. Economic Valuation of the Environment ［M］. Edward Elgar, Cheltenham, 1999.

［24］Gouyou Y. Rewarding the upland poor for environmental services：A review of initiatives from developed countries ［DB/OL］. http：//www. worldagroforestrycentre. org/sea, 2003.

［25］Halstead, J. M. , B. E. Lindsay and C. M. Brown. Use of the Tobit Model in Contingent

Valuation: Experimental Evidence from the Pemigewaset Wilderness Area [J]. Journal of Environmental Management, 1991 (33): 79–89.

[26] Hanemann W. M. Valuing the Environment Through Contingent Valuation [J]. Journal of Economic Perspectives, 1994, 8 (4): 19–25.

[27] Hanley N., MacMillan D., Wright R., Bullock C., Simpson I., Parsisson D. and Crabtree B. Contingent valuation versus choice experiments: estimating the benefits of environmentally sensitive areas in Scotland [J]. Journal of Agricultural Economics, 1998a (49): 1–15.

[28] Ian Powell, Andy White and Natasha Landell–Mills, Developing Markets for the Ecosystem Services of Forests, http: //www. forest–trends. org, 2002.

[29] Jenkins M., Scherr S. and Inbar M. Markets for Biodiversity Services: Potential Rolesand Challenges [J]. Environment, 2004, 46 (6): 32–42.

[30] Joan MOGAS, Pere Riera, Jeff Bennett. A Comparison of Contingent Valuation and Choice Modelling: Estimating the environmental values of Catalonian Forests, http: //eaere2004. bkae. hu/download/paper/mogaspaper. pdf.

[31] Johnson N., White A., Permt Maitre D. Developing markets for water services from forests: Issues and Lessons for Innovators, http: //www. forest–trends. org/documents/publications/Developing_ Markets_ for_ Water_ Services. pdf.

[32] Koenker, R. and K. Hallock. Quantile Regression [J]. Journal of Economic Perspectives, 2001 (15): 143–156.

[33] Landell–Mills, N. Porras I. T. Silver bullet or fools' gold? A global review of markets for forest environmental services and their impacts on the poor, International Institute for Environment and Development (IIED), 2001.

[34] Loomis J. B., Walsh R. G. Recreation Economic Decisions: Comparing Benefits and Costs (2nd edn) [M]. Pennsylvania: Venture Publishing Inc., 1997: 159–176.

[35] Manrique Rojas, Bruce Aylward. What are we learning from experiences with markets for environmental services in Costa Rica? Environmental Economics Programmer (EEP), IIED, 2001, http: //www. eldis. org/static/DOC12191. htm.

[36] Marie B. Morris, Conservation Reserve Payments and Self–Employment Taxes, http: //www. nationalaglawcenter. org/assets/crs/RS20564. pdf, 2000.

[37] Martins, P. S. and P. T. Pereira. Does Education Reduce Wage Inequality? Quantile Regression Evidence from 16 Countries [J]. Labour Economics, 2004, 11 (3): 355–371.

[38] Mello, Marcelo & Perrelli, Roberto. Growth equations: a quantile regression exploration [J]. The Quarterly Review of Economics and Finance, Elsevier, 2003, 43 (4): 643–667.

[39] Mitchell, R. and Carson, R. Using Surveys to Value Public Goods [M]. The Contingent Valuation Method. Washington, D. C.: Resources For the Future, 1989.

［40］ Morrison, M. and Bennett, J. Choice modelling, non – use values and benefit transfer ［J］. Economics Analysis and Policy, 2000 (30): 13–32.

［41］ Morrison M. , Bennett J. , Blamey R. , and Louviere J. Choice modelling and tests of benefit transfer ［J］. American Journal of Agricultural Economics, 2002 (84): 161–170.

［42］ Nigel Dudley and Sue Stolton. Running Pure: The importance of forest protected areas to drinking water, http://assets. panda. org/downloads/runningpurereport. pdf.

［43］ P. Da Cunha, E. Menzes and L. O. Teixeira Mendes. The mission of Proteeted areas in Brazil ［M］. PARKS, IUCN, Gland, 2001.

［44］ Pearce D. W. Blueprint 3: Measuring Sustainable Development ［M］. London: Earthscan, 1993.

［45］ Pearce D. W. Blueprint 4: Capturing Global Environmental Value ［M］. London: Earthscan, 1995.

［46］ Pearce D. W. and D. Moran. The Economic Value of Biodiversity ［M］. Cambridge, 1994.

［47］ Pearce D. W. , A. Markandya and E. B. Barbier. Blueprint for a Green Economy ［M］. London: Earthscan, 1989.

［48］ Perrot–Maitre D. and P. Davis. Case Studies of Markets and Innovative Financial Mechanisms for Water Services from Forests, Forest Trends, http://www. forest–trends. org, 2001.

［49］ Peters, C. A. , A. H. Gentry and R. O. Mendelsohn. Valuation of an Amanzonian rainforest ［M］. Nature, 1989.

［50］ R. O. Russo, G. Candela. Payment of Environmental Services in Costa Rica: Evaluating Impact and Possibilities, http://usi. earth. ac. cr/tierratropical/archivos – de – usuario/Edicion/13_ v2. 1–01_ RussoCandela. pdf.

［51］ Reyes V. , Segura O. , et al. Valuation of hydrological services provided by forest in Costa Rica ［J］. ETFRN News, 2002 (35): 42–44.

［52］ Robert M. , Edwin W. D. Ecosystem services: What is their value and what will you be paid ［R］. Presented in the Yale ISTF Conference on Ecosystem Services in the Tropics: Challenges to Marketing Forest Function, 2003.

［53］ Rolfe, Bennett, Louviere J. Choice modeling and its potential application to tropical rainforest preservation Ecological ［J］. Economics, 2000 (35): 289–302.

［54］ Rosales M. P. Payment for environmental services: problems and the application in Asia ［R］. Presented in the ITTO International Workshop on Environmental Economics of Tropical Forest and Green Policy. Beijing, China: ITTO International Workshop on Environmental Economics of Tropical Forest and Green Policy, 2004.

［55］ Sara J. Scherr, Michael T. Bennett, Molly Loughney, and Kerstin Canby. Developing Future Ecosystem Service Payments in China: Lessons Learned from International Experience, http://www. forest–trends. org/documents/publications/ChinaPES％20from％20Caro. pdf, 2006。

［56］Scherr S. , White A. and Khare A. Current Status and Future Potential of Markets for Ecosystem Services of Tropical Forests：an Overview. A Report prepared for the International Tropical Timber Council. Accessible with www. forest-trends. org, 2004.

［57］Suyanto S. , Beria L. Review of the development of environmental services market in Indonesia ［R］. Presented in the ITTO International Workshop on Environmental Economics of Tropical Forest and Green Policy. Beijing, China：ITTO International Workshop on Environmental Economics of Tropical Forest and Green Policy, 2004.

［58］Tanya O' Garra & Susana Mourato. Public Preferences for Hydrogen Buses：Comparing Interval Data, OLS and Quantile Regression Approaches ［J］. Environmental & Resource Economics, European Association of Environmental and Resource Economists, 2007, 36 (4)：389-411.

［59］Ward F. A. Economics of water allocation to instream uses in a fully appropriate driver basin：evidence from a New Mexico Wild River ［J］. Water Resources Research, 1987, 23 (3)：381-392.

［60］Watershed Management for Urban Water Supply：The New York City Experience, http：// www. usaid. gov/our_ work/environment/water/case_ studies/nyc. watershed. pdf.

［61］Watershed Progress：New York City Watershed Agreement：http：//www. epa. gov/owow/ watershed/ny/nycityfi. html.

［62］Wattage P. , Mardle S. Stakeholder preferences towards conservation versus development for a wetland in Sri Lanka ［J］. Journal of Environmental Management , 2005 (77)：122-132.

［63］Young R. A. , S L Gray. Economic value of water：concepts and empirical estimates. Final rep. To the Natl. Water Qual. Comm. ［M］. Contract Nwc, 70-280, Colo. State univ. Fort Collins, March, 1972.

［64］21 世纪初期 (2001—2005 年) 首都水资源可持续利用规划, 京政函 ［2002］7 号.

［65］北京市"十一五"时期水资源保护和利用规划, 京政发 ［2006］24 号附件.

［66］曹明德. 对建立我国生态补偿制度的思考 ［J］. 法学, 2004 (3)：40-43.

［67］陈宏辉, 贾生华. 企业利益相关者三维分类的实证分析 ［J］. 经济研究, 2004 (4)：80-90.

［68］承德能向北京收多少水钱? http：//www. businesswatch. com. cn/Html/econcmic/ 0632811503141627. html.

［69］淳安县人民政府. 千岛湖生态环境保护工作和建立上下游补偿机制有关情况汇报, 2004.

［70］慈溪花七亿从绍兴买水, http：//www. zjol. com. cn/gb/node2/node138665/node257861/ node265976/node281723/node282533/node282537/userobject15ai3734064. html.

［71］董文福, 李秀彬. 密云水库上游地区"退稻还旱"政策对当地农民生计的影响 ［J］. 资源科学, 2007 (2)：22-27.

［72］高而坤. 关于 2004 年度规划实施情况和 2005 年规划实施工作安排的报告, http：//

capital. hwcc. gov. cn/OutsideGroup/Outside_ browse. asp？newsid＝450.

[73] 高彤，杨姝影．国际生态补偿政策对中国的借鉴意义［J］．环境保护，2006（10）：71-76.

[74] 国家环保总局．生态补偿：可持续发展的迫切要求——浙江、安徽两省建立生态补偿机制的探索与实践，http：//www. zhb. gov. cn/eic/649096689457561600/20060629/ 19194. shtml.

[75] 国务院关于进一步完善退耕还林政策措施的若干意见，http：//www. china. com. cn/ zhuanti/115/txt/2005-03/01/content_ 5798409. htm.

[76] 侯元兆，等．中国森林环境价值核算［M］．北京：中国林业出版社，1995.

[77] 靳乐山，左停，李小云．支付流域生态环境服务：市场的作用［C］//生态保护与建设的补偿机制及政策国际研讨会论文集，北京，2004.

[78] 李巍．为了向北京输水，http：//capital. hwcc. gov. cn/OutsideGroup/Outside_ DisPlay. asp？ NewsID＝428&show＝.

[79] 李文华，李芬，李世东．森林生态效益补偿的研究现状与展望［J］．自然资源学报，2006（5）：677-688.

[80] 李小云．参与式发展概论——理论—方法—工具［M］．北京：中国农业大学出版社，2001.

[81] 廖浪涛，丁胜，吴水荣．密云水库水源涵养林生态效益的评价与补偿［J］．林业建设，2000（6）：19-22.

[82] 刘璨．我国森林环境服务市场构建与私人参与的选择［J］．自然资源学报，2002，17（2）：247-252.

[83] 刘玉龙，阮本清，张春玲，等．从生态补偿到流域生态共建共享——兼以新安江流域为例的机制探讨［J］．中国水利，2006（10）．

[84] 刘玉龙．生态补偿与流域生态共建共享［M］．北京：中国水利水电出版社，2007.

[85] 吕星，付保红，李和通．苏帕河流域生态补偿市场化可行性研究报告，IIED 项目组内部报告．

[86] 马燕，赵建林．浅析生态补偿法的基本原则［G］//生态保护与建设的补偿机制及政策国际研讨会会议论文集，76-83.

[87] 毛显强，钟瑜，张胜．生态补偿理论探讨［J］．中国人口资源与环境，2002，12（4）：38-41.

[88] 磐安县国土资源局．磐安县土地开发整理规划，http：//www. tdzl. cn/jhtdzl/pa/zxgh. htm.

[89] 沈满洪，杨天．生态补偿机制的三大理论基石，http：//2004. www. ep. net. cn/cgi-bin/ ut/topic_ show. cgi.

[90] 沈满洪．在千岛湖引水工程中试行生态补偿机制的建议［J］．杭州科技，2004（2）：12-15.

[91] 世界混农林业中心. 标准问题：小寨子河的流域补偿，IIED 项目组内部报告.

[92] 世界银行. 生态有偿服务在中国：以市场机制促进生态补偿，http：//siteresources. worldbank. org/INTEAPREGTOPENVIRONMENT/Resources/PolicyNotePESinChinaCNFI-NAL1. pdf.

[93] 水利部经济调节司调研组. 宁夏内蒙古水权转让：创新与变革，http：//2004. chinawa-ter. com. cn/ywjd/20040415/200404150112. asp.

[94] 宋建军. 海河流域京冀间生态补偿现状、问题及建议，http：//www. amr. gov. cn/fxbgshow. asp？articleid＝262&cataid＝19.

[95] 索丽生副部长在协调小组第三次会议上的总结讲话，http：//capital. hwcc. gov. cn/OutsideGroup/Outside_ DisPlay. asp？NewsID＝335&show＝.

[96] 王金南，万军，张惠远. 中国生态补偿政策评估与框架初探 [C] //生态保护与建设的补偿机制及政策国际研讨会会议论文集，1–16.

[97] 王金南，庄国泰，等. 生态补偿机制与政策设计国际研讨会论文集 [C]. 北京：中国环境科学出版社，2005.

[98] 王金南. 正确处理生态补偿的十大关系，全国生态补偿研讨会，杭州，2006，22–24.

[99] 王礼全. 如何建立和完善生态补偿机制，http：//theory. people. com. cn/GB/49154/49155/3973308. html.

[100] 王钦敏. 建立补偿机制保护生态环境 [J]. 求是，2004 (13)：14–16.

[101] 王星，马占山. 2006，http：//www. zjkcc. heagri. gov. cn/default3. aspx？id＝8904.

[102] 王学军，等. 生态环境补偿费征收的若干问题及实施效果预测研究 [J]. 自然资源学报，1996，11 (1)：15–20.

[103] 肖金成，李娟，戚仁广. 京冀水资源补偿机制研究 [J]. 经济研究参考，2009 (21).

[104] 邢丽. 建立中国生态补偿机制的财政对策研究 [C] //生态保护与建设的补偿机制及政策国际研讨会会议论文集，84–92.

[105] 邢丽. 谈我国生态税费框架的构建 [J]. 税务研究，2005 (6)：47–55.

[106] 徐晋涛，陶然，徐志刚. 退耕还林：成本有效性、结构调整效应与经济可持续性——基于西部三省农户调查的实证分析 [J]. 经济学季刊，2004 (4)：139–162.

[107] 徐中民，张志强，程国栋，等. 额济纳旗生态系统恢复的总经济价值评估 [J]. 地理学报，2002，57 (1)：107–116.

[108] 徐中民，张志强，龙爱华，等. 环境管理模型在生态系统中的应用——以黑河流域额济纳旗为例 [J]. 地理学报，2003，58 (3)：398–405.

[109] 许苏卉，刘学艺，孔平. 江西东江源区生态保护补偿机制研究 [EB/OL]. http：//www. jxepb. gov. cn/hjlt/content/2005/jx07. htm.

[110] 薛达元. 生物多样性经济价值评估——长白山自然保护区案例研究 [M]. 北京：中国环境科学出版社，1997.

[111] 杨开忠，白墨，李莹，等．关于意愿调查价值评估法在我国环境领域应用的可行性探讨——以北京市居民支付意愿研究为例［J］．地球科学进展，2002，17（3）：420-425.

[112] 杨凯，赵军．城市河流生态系统服务的 CVM 估值及其偏差分析［J］．生态学报，2005（6）：1391-1396.

[113] 永定河、潮白河上游水资源状况调查报告，http：//www. envir. gov. cn/info/2000/9/922389. htm.

[114] 曾维华，程声通，杨志峰．流域水资源集成管理［J］．中国环境科学，2001，21（2）：173-176.

[115] 翟国梁，张世秋，Kontoleon Andreas．选择实验的理论和应用——以中国退耕还林为例［J］．北京大学学报（自然科学版），2006，3（1）：1-5.

[116] 张惠远．生态补偿：理论与实践［C］．全国生态补偿研讨会，杭州，2006，22-24.

[117] 张陆彪，郑海霞．流域生态服务市场的研究进展与形成机制［J］．环境保护，2004（12）．

[118] 张翼飞，刘宇辉．城市景观河流生态修复的产出研究及有效性可靠性检验——基于上海城市内河水质改善价值评估的实证分析［J］．中国地质大学学报（社会科学版），2007（2）：39-45.

[119] 张茵，蔡运龙．条件估值法评估环境资源价值的研究进展［J］．北京大学学报（自然科学版），2005，41（2）：317-329.

[120] 张茵．自然保护区生态旅游资源的价值评估——以九寨沟自然保护区为例［D］．北京：北京大学，2004.

[121] 张志强，徐中民，程国栋．黑河流域张掖地区生态系统服务恢复的条件价值评估［J］．生态学报，2002，26（2）：885-863.

[122] 张志强，徐中民，王建，等．黑河流域生态系统服务的价值［J］．冰川冻土，2001，23（4）：360-366.

[123] 张志强，徐中民，程国栋．生态系统服务与自然资本价值评估研究进展，http：//www. brim. ac. cn/journals2/book/book235_ 617. pdf.

[124] 漳河成功实施跨省有偿调水［N］．中国水利报，2001-05-17.

[125] 赵同谦，欧阳志云，郑华，等．中国森林生态系统服务功能及其价值评价［J］．自然资源学报，2004，18（4）：480-491.

[126] 赵同谦，欧阳志云，王效科．中国陆地地表水生态系统服务功能及其生态经济价值评价［J］．自然资源学报，2003，18（4）：443-452.

[127] 郑海霞，张陆彪，张耀军．流域生态服务补偿的利益相关者分析——基于金华江的实地调查数据．中国科学技术协会年会，新疆，2005.

[128] 郑海霞，张陆彪．中国流域生态服务补偿支付案例进展与政策建议．世界银行报告，2006.

［129］郑海霞，张陆彪．流域生态服务补偿标准研究［J］．环境保护，2006（1）．

［130］郑海霞，张陆彪．流域生态服务补偿市场的形成机制及其政策建议——基于金华江的实证研究［J］．资源科学，2006（3）：192-204.

［131］郑易生，钱薏红．从战略全局高度加强对我国生态补偿机制的研究，http：//www. cass. net. cn/chinese/s05-sjj/hjzx/lt02091. htm.

［132］郑易生，孙桢．以建立生态特区实现生态补偿，生态保护与建设的补偿机制及政策国际研讨会会议论文集，27-31.

［133］中国环境报．浙江省德清县确立生态补偿长效机制，http：//www. greengz. cn/inew/inew_ details. asp？inew_ ID=6348.

［134］中国科学院可持续发展战略研究组．生态系统服务理论，http：//www. china. org. cn/chinese/zhuanti/295916. htm.

［135］中国水利水电科学研究院．新安江流域生态共建共享机制研究，项目报告，2006. 2.

［136］中国水权交易破题 初始水权分配发轫，http：//www. h2o-china. com/news/viewnews. asp？id=27618.

附录1 北京市居民支付意愿调查

密云、官厅水库流域水质改善的支付意愿调查表

尊敬的女士/先生：您好！

我们受国家自然科学基金和北京市政府有关部门的委托，进行一项北京市水源地水质改善的支付意愿的调查，为相关部门决策作参考。请您拿出几分钟的时间，为北京市重要的水资源保护事业表达您的立场和建议。谢谢！

感谢您在百忙之中配合我们这次密云水库流域保护问卷调研活动！对于该问卷，调查者郑重声明：

1. 该问卷为匿名调查，仅作为学术研究，保证不会对您造成任何不利影响，我们会保证数据保密。

2. 请尽可能客观地回答调查问卷。

3. 非常感谢您抽出宝贵的时间回答调查问卷。

背景：北京市人均水资源不足 300 立方米，只有全国人均占有量的 1/8，世界人均占有量的 1/30，远低于国际公认的 1000 立方米的缺水下限，属于重度缺水地区。主要地表水源是密云、官厅水库，由于水质恶化，官厅水库 1997 年退出饮用水供应，只供工业、城市生态用水。基于一系列保护措施，2008 年恢复试供饮用水。由于连续干旱，1999 年以来主要地表饮用水源密云水库来水量也减少到不足。

改善流域水资源质量和数量，与我们的生活与健康密切相关。尽管国家非常重视，投入大量人力物力进行流域环境保护，但是毕竟国家资金有限，单靠政府的力量实施该项目有很大难度。同时，有相关研究和案例显示，保护上游环境以改善水质的成本低于水质恶化后的净化成本。实现流域统一管理和共建共享是流域上下游的共同责任。流域保护行动可能影响到每一个人的用水安全、生活环境甚至整个地区的经济发展。

那么，**请诚实地告诉我们您是否愿意为保护我们共同的水源贡献自己的一份**

135

力量？您的建议和意见非常重要，并且将有可能影响到水源保护政策的实施。

Ⅰ认知背景与居民环境意识（在选项前打√）

1. 您是否知道您所饮用的水资源主要来自密云水库？

【 】a 是　　【 】b 否

2. 您是否亲身经历过水污染和水质恶化给您带来的危害？

【 】a 是　　【 】b 否

3. 您是否了解北京市用水紧张的状况吗？

【 】a 是　　【 】b 否

4. 与经济发展相对比，您如何认识环境问题？

【 】a 很重要　　【 】b 同样重要　　【 】c 不太重要

【 】d 不重要　　【 】e 不知道

5. 您知道水质差可能造成什么疾病吗？

【 】a 知道　　　　【 】b 不知道

6. 当您知道水质差会引起疾病甚至死亡后，您会改变您对改善水质的态度和意愿吗？

【 】a 会　　　　　【 】b 不会

7. 您是否曾经为了改善饮用水水质而购买瓶装水或者购买净水设备？

【 】a 是　　　　　【 】b 否

Ⅱ 支付意愿

8. 就目前供水的状况而言，你是否有改善水质的要求？

【 】a 是　　　　　【 】b 否

9. 您是否认为保护密云水库和恢复生态是您应该支持的事情？

【 】a 是　　　　　【 】b 否

如果第 9 题您回答是，请继续回答 10、11 题，如果回答否请回答 12 题。

10. 当前密云水库在进行流域生态补偿的试点行动，正在筹集资金，用于改善库区和源头的生态环境，提供给上游水源区（张家口和承德地区的赤城、丰宁、滦平等和北京的怀柔区、密云县、延庆县）水源林建设、农村污染处理及上游农户保护水源区的补贴，以保障密云水库水质改善和水量的增加，给包括您在内的首都居民提供优质、足够的饮用水，您愿意（未来的 5~10 年内）每月从您的家庭收入中最多拿出多少钱支持这项工作？（请在下面对应的数字上打√）

【 】5　【 】10　【 】15　【 】20　【 】25　【 】30　【 】35　【 】40

【 】45 　【 】50 　【 】55 　【 】60 　【 】65 　【 】70 　【 】75 　【 】80

【 】85 　【 】90 　【 】95 　【 】100 　【 】110 　【 】120 　【 】130 　【 】140

【 】150 【 】200 【 】250 【 】300 【 】350 【 】400 【 】500

其他＿＿＿＿＿＿＿＿＿＿＿＿（请填写）

11. 如果愿意出资，您愿意采取哪种方式支付这笔费用？（可以多选）

【 】a 通过适当增加水费、电费，再移给上游

【 】b 交生态保护税作为专款

【 】c 捐款

【 】d 作为志愿者参加流域保护行动

【 】e 其他形式，注明＿＿＿＿＿＿＿＿＿＿＿＿＿＿＿

12. 我们对您投不赞成票非常感兴趣，请选择可能的原因，以便我们了解其中的真实情况。（可以多选）

【 】a 家庭经济收入太低，无能力支付

【 】b 不相信政府或机构能合理地管理与使用所筹集到的经费

【 】c 水质改善应该是政府的责任，应由政府出钱，期望我为河流保护出资不太公平

【 】d 不能直接从河流与库区保护和恢复中得到什么好处

【 】e 水库恢复和保护工程不能取得预期的效果

【 】f 河流保护应该是上游的事情

【 】h 其他 ＿＿＿＿＿＿＿＿＿＿＿＿请填写

13. 与密云水库同样，对于官厅水库，您愿意（未来的5～10年内）每月从您的家庭收入中最多拿出多少钱支持官厅水库上游保护工作？（请在下面对应的数字上打√）

【 】5 　【 】10 　【 】15 　【 】20 　【 】25 　【 】30 　【 】35 　【 】40

【 】45 　【 】50 　【 】55 　【 】60 　【 】65 　【 】70 　【 】75 　【 】80

【 】85 　【 】90 　【 】95 　【 】100 　【 】110 　【 】120 　【 】130 　【 】140

【 】150 【 】200 【 】250 【 】300 【 】350 【 】400 【 】500

其他＿＿＿＿＿＿＿＿＿＿＿＿（请填写）

14. 如果愿意出资，您愿意采取哪种方式支付这笔费用？（可以多选）

【 】a 通过适当增加水费、电费，再通过专用账户转移给上游

【 】b 交生态保护税作为专款

【 】c 捐款

【　】d 存取基金形式（定期从工资账户中扣除）

【　】e 出义务工，作为志愿者参加流域保护行动

【　】f 其他形式，注明_____

15. 如果不愿意出资，原因是：（可以多选）

【　】a 家庭经济收入太低，无能力支付

【　】b 不相信政府或机构能合理地管理与使用所筹集到的经费

【　】c 水质改善应该是政府的责任，应由政府出钱，期望我为河流保护出资不太公平

【　】d 不能直接从河流与库区保护和恢复中得到什么好处

【　】e 官厅水库不提供直接饮用水源

【　】f 河流保护应该是上游的事情

【　】g 其他_____请填写

16. 如果综合考虑密云、官厅两个水库，您愿意（未来的5~10年内）每月从您的家庭收入中最多拿出多少钱支持这两个水库流域保护工作？（请在下面对应的数字上打√）

【　】5　【　】10　【　】15　【　】20　【　】25　【　】30　【　】35　【　】40

【　】45　【　】50　【　】55　【　】60　【　】65　【　】70　【　】75　【　】80

【　】85　【　】90　【　】95　【　】100　【　】110　【　】120　【　】130　【　】140

【　】150　【　】160　【　】170　【　】180　【　】190　【　】200　【　】225　【　】250

【　】275　【　】300　【　】325　【　】350　【　】400　【　】500

其他_____（请填写）

Ⅲ 用户信息（本部分内容仅用于学术研究，不用于其他任何途径）

17. 请填写您的基本信息和您的家庭收入信息：

性别 1. 男 0. 女	年龄 （岁）	受教育年限 （年）	主要职业（见代码）	家庭人口及收入			您所在的城区： 1 海淀　2 朝阳 3 丰台 4 石景山 5 西城　6 东城 7 宣武 8 崇文 9 昌平 10 大兴 11 平谷 12 密云 13 门头沟 14 房山 15 顺义 16 怀柔 17 延庆 18 通州
				总人口	有收入人口	总收入（元/户·月）	

附职业代码表

职业代码		职业代码	
年龄太小，无职业	0	服务行业人员（售货员、饭店等）	8
政府/事业部门工作	1	学生	9
在私有公司服务	2	农民	10
在非政府组织工作	3	退休人员	11
自主创业的职业人员/医生/律师/会计/等	4	残疾，有工作	12
自主创业的商人	5	残疾，无工作	13
工人	6	失业人员/正在找工作	14
家务劳动者	7	其他，请指出：_____	15

IV 其他

18. 如果水价增加，您将是否决定节约用水？请从下面选项中给出您的选择。

	水价增加	在您决定节水的栏目里打勾（√）
1	5%～10%	
2	10%～20%	
3	30%～40%	
4	50%～60%	
5	70%～80%	
6	80%以上	

19. 您是否理解上述问题？

【 】a 完全理解　　　【 】b 部分理解　　　【 】c 不理解

附录2 上游农户问卷调查

2009 年北京市水源区流域生态补偿机制研究农户调查问卷

尊敬的女士/先生：

您好！

感谢您在百忙之中配合我们这次密云水库流域保护问卷调研活动！

对于该问卷，调查者郑重声明：

1. 该问卷仅作为学术研究，保证不会对您造成任何不利影响，我们会保证数据保密。

2. 请尽可能客观地回答调查问卷。

3. 非常感谢您抽出宝贵的时间回答调查问卷。

背景：

此次农户调查是在国家自然科学基金项目"密云水库流域环境服务价值评估和生态补偿机制"的框架下，进行流域生态补偿的相关调研。

目的：

调查收集农户对国家生态补偿政策和项目的了解、参与和支持情况以及政策对农户收入和生计的影响。

时间与地点：

2009 年 7 ~ 8 月，北京市密云县、怀柔区、延庆县，河北省丰宁县、赤城县和滦平县。

县： _____

乡： _____

村： _____

被访问人姓名： _____

电话： _____

是否参加稻改旱 (是 /否)： _____

调查员姓名： _____

调查日期： _____

I 农户基本信息

编号	与户主关系： 1. 丈夫/妻子 2. 子女 3. 孙子/孙女 4. 兄弟姐妹 5. 父母 6. 儿媳/女婿 9. 其他亲戚	性别 1. 男 0. 女	年龄（岁）	受教育年限（年）	是否党员，村干部？ 1. 都不是 2. 只是党员 3. 只是村干部 4. 两者都是	主要职业 0. 无 1. 在校学生 2. 学徒/参军 3. 农业劳工 4. 在家务农 5. 非农个体 6. 当地职工 7. 外出打工 8. 其他	非农活动 0. 无　1. 建筑 2. 木（篾）匠　3. 铁匠 4. 手工艺　5. 工厂 6. 农产品加工　7. 司机/运输 8. 教师　9. 售货员 10. 医务　11. 维修 12. 服务业　13. 自家经营 14. 其他	干农活否？ 0. 不干活 1. 只干农活 2. 半农半非农（当地） 3. 半农半非农（外地） 4. 非农（当地） 5. 非农（外地）	如2008年外出打工，打工多长时间？（月）	如2008年外出打工，每月工资多少？（元/月）
1	户主									
2										
3										
4										
5										
6										
7										
8										
9										

Ⅱ 知识与态度

1. 您是否知道和参与了白河、黑河、红河流域退耕、稻改旱等流域保护项目？请在下表选择。

项目	是否参与 1＝是 2＝否	是否自愿参与 1＝自愿参与 2＝被动参与 3＝其他 _____ _____	对项目的了解程度 a 不知道 b 知道一些 c 比较了解 d 非常了解	对该项目的满意程度 a 很满意 b 满意 c 一般 d 不很满意 e 很不满意
退耕				
稻改旱				
生态造林				
生态农业（日光棚、春秋棚、节水灌溉等）				
生活垃圾、畜牧粪便无害化处理				

2. 您认为通过上述项目的执行，这一地区过去 5 年来环境质量是否得以改善？请在您选择的答案上打√。

【 】+3　　【 】+2　　【 】+1　【 】0　　【 】−1　　【 】−2　【 】−3　　【 】不知道
改善　　　　　　　　　没变　　　　　　　　变坏

3. 如果您认为环境退化，在下列原因中，造成潮白河流域环境退化的最重要原因是哪一方面？（可以多选）

【 】a 开矿、污染企业等的影响

【 】b 公众没有环境保护意识

【 】c 保护者没有得到收益，没有动力

【 】d 缺乏村委会的参与和支持

【 】e 缺乏相关农户的参与和支持

【 】f 其他（请注明）_____

4. 您认为您对上述项目所做的贡献和对你们的补偿相比是公平的吗？

【 】+3　　【 】+2　　【 】+1　　【 】0　　【 】−1　　【 】−2　【 】−3　　【 】不知道_____

很公平　　　　　　　　一般　　　　　　　　　很不公平

Ⅲ 土地利用及其参加项目情况（注：蔬菜、果园、大棚、河滩地、荒山地、林地、鱼塘都包括在内）

5. 您家耕地中有_____亩参加了稻改旱项目，_____亩参加了退耕项目，2008 年稻改旱平均每亩所得补贴_____元，退耕平均每亩所得补贴_____元。

6. 2008 年您家是否有土地租入、租出？

【 】a 是　　【 】b 否

如果有，请把租入、租出的价格填在下表。

出租地类型 1. 水田　2. 水浇地 3. 旱地　4. 山地 5. 河滩地　6. 水洼地 7. 其他_____	面积（亩）	价格（元/亩）		原因	
		2006 年	2008 年	租入	租出

7. 在稻改旱项目实施前和实施过程中是否有相关人员（如村干部等）征询过您或其他村民的意见和建议？

【 】a 是　　　　　【 】b 否

8. 如果让您参与稻改旱项目的决策过程，您愿意参加吗？

【 】a 非常愿意　【 】b 比较愿意　【 】c 参与决策不参与决策都可以

【 】d 不愿意　　【 】e 不知道

9. 2008年土地利用和生产投入产出情况。

地块编号	土地类型 1 退稻前水田，退稻后水浇地 2 退稻前水田，退稻后旱地 3 旱浇地 4 荒山 5 河滩地 6 林地 7 其他	面积（亩）	作物类型（见编码）	地力 1 好 2 中 3 差	地块坡度：①平地 ②坡地 <15 ③15~25 ④>25	灌溉条件：1 地表水 2 地下水 3 混合 4 其他_ 5 无	灌溉方式：1 漫灌 2 畦灌 3 喷灌 4 滴灌	位置（km）：距沟渠	目前土地产权：1 承包 2 转出 3 转入	产量：斤/亩	收益 元/亩	参加项目 0=无，1=退耕，2=退稻，3=其他_ 参加哪个项目	年份	投入成本 元/亩 塑料薄膜	种子	肥料	农药 除草 杀虫	灌溉费（打井和电费等）	服务费（收割机费用）雇工	劳动力/天	其他
1																					
2																					
3																						
4																						
5																						
6																						
7																						
8																						
9																						

10										
11										

编码:01=小麦,02=玉米,03=水稻,04=谷子,05=薯类,09=其他粮食作物;11=豆类,12=糖料,13=油料,14=大田蔬菜,15=大田瓜类,16=大棚蔬菜,17=大棚瓜类,19=其他经济作物;21=苹果,22=梨,23=桃,24=核桃,25=栗子,26=柿子,27=林草间种,28=其他经果林;31=苜蓿,32=其他草地,33=鱼塘,34=其他

10.稻改旱项目及其投入产出变化——稻改旱前(____年)水稻生产投入产出情况。

地块编号(与上表编号对应)	土地类型 1=水田 2=水浇地(面积(亩))	灌溉条件:1.地表水 2.地下水 3.混合 4.其他 5.无；地力 1.好 2.中 3.差	位置(km) 1.距沟渠 2.距道路	单位面积灌溉水量(m³/亩)	退稻前土地产权: 1.承包 2.转出 3.转入	退稻后土地产权: 1.承包 2.转出 3.转入	退稻前产量(kg/亩)	退稻前收益(元/亩)	水稻生产成本投入								
									塑料薄膜(元)	种子(元)	肥料(元)	农药 除草、杀虫(元)	灌溉费(元)	雇工(元)	服务费 (收割、机费用)(元)	劳动力(天)	其他(元)

Ⅳ 农户对稻改旱项目的参与性、影响与反映策略

11. 总体上，您认为稻改旱项目补贴额度是否可以接受？

【 】a 非常接受　　　【 】b 接受　　　【 】c 基本接受

【 】d 不能接受　　　【 】e 很不接受

12. 如果不能接受，您认为每亩至少应该补贴多少可以接受（元/亩）？

【 】450　　【 】500　　【 】550　　【 】600　　【 】650　　【 】700　　【 】750

【 】800　　【 】850　　【 】900　　【 】950　　【 】1000 或者_____元/亩

同时请在当前您最低愿意接受的数字上打√。

13. 您愿意选择的补偿方式是：□ 现金补偿 □发展机会补偿（非现金），非现金补偿中您更愿意选择哪些_____（按顺序给出前3位选择）

【 】a 优惠政策　　【 】b 基础建设　　【 】c 土地补偿　　【 】d 安排就业

【 】e 安排搬迁　　【 】f 优惠贷款　　【 】g 提供食品等生活资料

【 】h 提供发展非农就业或者创业的机会　　【 】i 技术扶持　　【 】j 其他

14. 对于补贴年限，您认为几年您可以接受？_____年，是否拿到 2008 年补贴款？

【 】a 是　　　【 】b 否

拿到补贴款比例_____%，何时拿到？_____年_____月

15. 在目前的补贴标准下，从内心讲您可否支持稻改旱项目？

【 】a 非常支持　　【 】b 支持　　【 】c 一般　　【 】d 不支持　　【 】e 很不支持

原因是为什么？（可以多选）

愿意，因为：

【 】a 响应国家的号召，保障首都北京供水安全

【 】b 不但可以获得补贴，还可以减少农业劳动时间

【 】c 希望转营其他非农产业

【 】d 上述项目可以改善流域环境

【 】e 其他农户按时收到事先承诺的补助金

【 】f 长期以来的习惯

【 】g 其他，请指明_____

不愿意，因为：

【 】a 我们用水困难，还向北京供水，对我们不公平

【 】b 生态补偿金低于预期

【 】c 补助年限不够长

【 】d 政策执行不到位，没起到保护流域的效果

【 】e 其他农户没有按时收到事先承诺的补助金

【 】f 找不到其他打工机会

【 】g 其他，请指明_____

16. 如果没有了补贴以后，您的生活会陷入困境吗？

【 】a 不会，因为有其他非农收入　【 】b 可能会

【 】c 现在还不知道　　　　　　　【 】d 一定会

根据您目前的情况，如果明年政府停止发放补贴，您可能采取哪一种行动？

【 】a 肯定不复种水稻　【 】b 可能不复种水稻　【 】c 不清楚

【 】d 可能复种水稻　【 】e 肯定复种水稻

17. 稻改旱后，除了补贴之外，政府是否还提供了其他的帮助（可选多项）？

【 】a 无

【 】b 提供了更多非农就业机会

【 】c 政府的技术和资金支持

【 】d 其他（请指明）_____

18. 稻改旱后您家在农业或者非农业生产和经营方面出现哪些变化？

【 】a 多花时间在留下的农田上，精耕细作

【 】b 改变种植业结构，多种蔬菜、瓜果等经济作物

【 】c 发展蓄禽养殖

【 】d 发展新品种的有机农业、获得更高收入回报

【 】e 外出打工

【 】f 发展兼业，如小买部、理发部、运输、小企业等

【 】g 其他（请指明）_____

19. 由于保护流域水资源和环境将会影响您的收入，多大程度上的影响是您可以接受的？

【 】a 小于 3％　【 】b 3％~5％　【 】c 10％左右

【 】d 15％左右　【 】e 20％或者更大

20. 稻改旱项目的实施对您的生活有哪些方面的影响（可选多项）？

影响	家庭收入	打工机会	休闲时间	清洁饮用水	优质环境	其他，请指明_____
1 增加 2 减少 3 不变						

21. 稻改旱项目实施的效果和影响

项目	可否参加（打√）	面 积（亩）	补贴	年份	效果 ①没影响②水土流失减少③水质变好④水量增加⑤野生动物多了⑥生活环境更好了⑦其他（请指明）____
退耕					
稻改旱					
生态公益林/封山育林					
生态造林					
生态农业（日光棚、春秋棚、节水灌溉等）					
生活垃圾处理					
畜牧粪便无害化处理					
其他____					

V 其他家庭生产活动及收入情况变化（请比较 2006 年和 2008 年的情况）

a. 畜牧业收入

奶牛		数量（只）	产奶量（kg/天）	产奶量（kg/年）	奶价（元/kg）	奶牛价格（元）	劳力（日）	饲料（元/只·月）	仔牛成本自产=0	如出售，净赚（元）
2008	存栏									
	出售									
2006	存栏									
	出售									

b. 其他牲畜禽

种类（编码）						
2008	存栏	数量（只）				
		如出售，净赚（元）				
	出售	数量（只）				
		净赚（元）				

		种类（编码）								
2006	存栏	数量（只）								
		如出售，净赚（元）								
	出售	数量（只）								
		净赚（元）								

编码：1=猪；2=羊；3=肉牛（耕牛）；4=鸡；5=鸭；6=鹅；7=禽蛋；8=其他。

22. 畜牧养殖方式是：（1）散养；（2）圈养，不同粪便处理方法所占的比例分别是：做有机肥（_____%）；堆积后出售（_____%）；不处理（_____%）；其他（_____%）。

23. 2006年和2008年家庭其他收入来源情况（兼业包括：小卖部、理发部、运输、小企业等）。

	经营兼业收入	工资性收入	土地/房屋出租	渔业收入	林业收入（不含果园）	生态补偿（退稻耕等）	政府补贴（包括粮食补贴）	其他收入（医疗等）
2006								
2008								

	务工收入			民俗旅游			全年总收入
	外出务工人数	务工月数	务工总收入	接待游客数	人均消费	旅游收入	
2006							
2008							

24. 2008年全年家庭生活总支出是_____元，其中：

项 目	金额（元）
生活日用品（包括食品）	
衣服鞋帽等	
水电费	

项　目	金额（元）
煤、汽油等燃料费	
医疗支出	
孩子教育支出	
交通费	
节日开销	
房屋和家具维修等	
援助亲戚朋友的费用	
其他费用	

Ⅵ农户的发展机遇与能力建设

25. 您是通过何种渠道了解您需要的农业或者非农业的技术和信息的？

【　】a 通过村领导　　　【　】b 通过新闻报纸和电视等媒体

【　】c 通过亲戚或朋友　【　】d 通过社团联盟　【　】e 通过学校学生

【　】f 通过网络　　　　【　】g 通过其他人＿＿＿＿＿＿＿＿＿＿

26. 政府或者其他公司是否组织您或者别的村民从事高产量或者高收入的农业或者非农业生产，例如提供高产、改良的种子？

【　】a 是　　　　　【　】b 否

如果是，有哪些活动＿＿＿＿＿＿＿＿＿＿＿＿＿

27. 政府是否提供了从事农业或者非农业生产的技术培训？

【　】a 是　　　　　【　】b 否

如果是，培训是＿＿＿＿＿＿＿＿＿＿＿技术培训使受训者多大程度上掌握了技术？

【　】a ＜50％　　　【　】b 50％～60％　　　【　】c 60％～70％

【　】d 70％～80％　【　】e 90％～100％

28. 您生活中最迫切需要改善的是什么？请用 1-10 标出您需求的迫切程度。（1 最不迫切，10 最迫切）

需要	1	2	3	4	5	6	7	8	9	10
①清洁的饮用水										
②有足够的粮食										
③非农就业机会										

需要	1	2	3	4	5	6	7	8	9	10
④改善住房等基本生活										
⑤孩子的教育										
⑥能获得技术和市场信息										
⑦改善供电、通信和交通										
⑧稳定的土地所有权										

29. 您家离最近的农贸市场有多远？ _____千米

30. 您家距离最近的硬化路有多远？ _____千米

31. 如果您家需要转向发展非农产业作为重要的家庭收入来源，您最需要的信息是什么？

【 】a 相关知识和技能　　【 】b 市场信息　　　　【 】c 打工信息

【 】d 资金　　　　　　　【 】e 其他，请指明_____

32. 总的来讲，您获取信息容易吗？

【 】a 困难　　　　　　　【 】b 一般可以得到　　【 】c 容易

33. 如果您在发展非农产业时需要资金投入，您最可能以哪种方式筹钱？

【 】a 银行贷款　　　　　【 】b 向亲戚朋友借款　【 】c 高利贷

【 】d 其他，请指明_____

34. 您家里有辍学的孩子吗？

【 】a 有（男孩）　　　　【 】b 有（女孩）　　　【 】c 没有

35. 如果有，原因是什么（可选多项）？

【 】a 付不起学费　　　　【 】b 学校离家太远　　【 】c 家里需要劳力

【 】d 上学没用　　　　　【 】e 女孩上不上学不重要

【 】f 其他，请指明_____

Ⅶ 流域保护意识和补偿意愿

36. 您认为该流域具有保护环境的意识和传统吗？

【 】a 有　　　　　　　　【 】b 没有

37. 与经济问题相比，您认为保护流域生态、改善水质对您的重要程度如何？

1 表示不重要；2 表示有些重要；3 表示重要程度居中；4 表示较重要；5 表示极其重要。在您认为的重要程度上打√。

```
└ ─ ─ ─ ─ ─ ┘       ┘       └ ─ ─ ─ ─ ┘
1         2          3          4         5
```

151

38. 如果政府为了保护环境，进行环境治理对生活垃圾、废水、禽畜粪便进行集中处理，需要收集一定的运行费用，您是否愿意支付？

【 】a 愿意　　　　　　【 】b 不愿意

如果愿意，在未来的 5 年内，您愿意每年从您的家庭收入中拿出多少钱？

【 】0　【 】5　【 】10　【 】15　【 】20　【 】25　【 】30　【 】35
【 】40　【 】45　【 】50　【 】55　【 】60　【 】65　【 】70　【 】75
【 】80　【 】85　【 】90　【 】95　【 】100　【 】200　【 】250　【 】300
【 】350　【 】400　【 】450　【 】500

发展机会	假如没有政策限制，您可能的家庭收入可达到什么水平
	您将在哪些方面发展以达到这个目标
关心的问题	您认为您村里或者当前最大的环境问题是什么

39. 如果主要的生产投入例如化肥和农药的价格增长一倍，您最有可能的选择是什么？

【 】a 减少化肥、农药的使用量

【 】b 种植其他作物／改变土地利用方式

【 】c 用其他投入替代，如增加有机肥和劳动力等投入

【 】d 停止耕种寻找非农就业机会

【 】e 没有变化，还按原来的方法耕种

【 】f 其他，请注明＿＿＿＿＿＿＿＿＿＿＿＿＿＿＿＿＿＿＿＿

Ⅷ 信任／偏好

40. 总的来说，在与他人交往时，您认为大多数人是可以信任的吗？

【 】a 是　　　　　　　【 】b 否

41. 您对下列人员的信任程度。（百分制：0～100 分，0 为完全不信任，100 为完全信任）

	子女	兄弟姐妹	父母	亲戚	陌生人	同学朋友	宗教人士	邻居	同村熟人	外村熟人	政府官员
信任程度											

42. 您是否同意下列的陈述？请使用 1～10 来表示，1 完全不同意，10 完全同意。

陈述	1	2	3	4	5	6	7	8	9	10
1 我会在村里第一个种植一个新品种，虽然这样干的风险很大了										
2 由于担心土地调整，我感觉土地所有权影响了我对土地的投入										

43. 下表提供了两个选择：选择 A 和 B。选择 A 是 100％的机会获得 100 元，选择 B 是一半的机会获得一定数量的钱，另一半的机会为零。请您选择 A 或 B。

选择 A：100％得到 100 元	50％的机会得到 0，50％的机会得到一定数量的钱（200～2000 元）		选择 A 或 B A/B
100 元	0	200 元	
100 元	0	250 元	
100 元	0	300 元	
100 元	0	500 元	
100 元	0	800 元	
100 元	0	1000 元	
100 元	0	1300 元	
100 元	0	1600 元	
100 元	0	2000 元	

44. 假定您摸彩时中了 1000 块钱，这笔钱可以当天就给您。如果彩票公司要求您等一年，在等待的过程中不会有任何风险。您至少会要求他们付给您多少钱来补偿您这一年的等待？

_____元，或者多少元都不愿意等（   ）